国家出版基金项目
NATIONAL PUBLICATION FOUNDATION

"十三五"国家重点出版物
出版规划项目

◆ 废物资源综合利用技术丛书

ZAOZHI FEIZHA ZIYUAN ZONGHE LIYONG

造纸废渣资源综合利用

汪苹　宋云　冯旭东　等编著

化学工业出版社

·北京·

该书从制浆造纸工业的废渣方面系统介绍了国内外比较成熟的资源综合利用技术和正在研发的技术。具体包括造纸废渣的产生、备料过程废渣综合利用技术、制浆过程废渣综合利用技术、碱回收过程废渣综合利用技术、造纸阶段筛选浆渣的回收利用技术、造纸废水生化处理污泥综合利用技术等内容。

本书具有较强的技术性和可操作性，可供从事造纸废渣处理的工程技术、研究、生产和经营管理人员使用，也可供高等学校再生资源科学与工程、环境科学与环境工程、造纸工业及相关专业师生参阅。

图书在版编目（CIP）数据

造纸废渣资源综合利用/汪苹等编著. —北京：化学工业出版社，2017.12
（废物资源综合利用技术丛书）
ISBN 978-7-122-30611-1

Ⅰ.①造… Ⅱ.①汪… Ⅲ.①造纸工业-废物综合利用 Ⅳ.①X793

中国版本图书馆 CIP 数据核字（2017）第 222182 号

责任编辑：卢萌萌　刘兴春　　　　　　　文字编辑：汲永臻
责任校对：边　涛　　　　　　　　　　　装帧设计：王晓宇

出版发行：化学工业出版社（北京市东城区青年湖南街 13 号　邮政编码 100011）
印　　装：三河市延风印装有限公司
787mm×1092mm　1/16　印张 13¼　字数 275 千字　2018 年 1 月北京第 1 版第 1 次印刷

购书咨询：010-64518888（传真：010-64519686）　售后服务：010-64518899
网　　址：http://www.cip.com.cn
凡购买本书，如有缺损质量问题，本社销售中心负责调换。

定　　价：58.00 元　　　　　　　　　　　　　　　　版权所有　违者必究

《造纸废渣资源综合利用》
编著人员

编著人员：汪　苹　宋　云　冯旭东　吕竹明　张　琳

造纸工业是我国国民经济中具有循环经济特征的重要基础原材料产业，与国民经济发展和社会文明息息相关。近年来，我国造纸工业发展迅速，据统计：2015 年全国纸及纸板生产企业约 2900 家，全国纸及纸板生产量 $1.071 \times 10^8 t$，较上年增长 2.29%。消费量 $1.0352 \times 10^8 t$，较上年增长 2.79%，人均年消费量为 75kg，高于世界平均水平。

在造纸工业快速发展的同时，污染物排放减少，据统计：2014 年造纸和纸制品业排放废水中化学需氧量（COD）为 $4.78 \times 10^5 t$，比上年 $5.33 \times 10^5 t$ 减少 $5.5 \times 10^4 t$，减少 10.3%，占全国工业 COD 总排放量 $2.746 \times 10^6 t$ 的 17.4%，比上年减少 1.3 个百分点。万元工业产值（现价）化学需氧量（COD）排放强度为 6.6kg，比上年降低 13.2%。万元工业产值（现价）氨氮排放强度为 0.22kg，比上年降低 12%。

我国造纸工业虽然在节能减排方面已经取得了长足进步，但是面对资源短缺、能源紧张、环境压力大等世界性难题，我国造纸工业仍然面临转变发展方式，加快结构调整，加大节能减排力度，提高资源综合利用效率，走绿色发展之路等重要任务。造纸工业是采用可再生物质为原料规模最大的加工业，在生物质循环利用和低碳生产技术的开发利用方面，具有独特的优势。造纸工业在废渣资源综合利用方面还有很多工作有待进一步完善。

本书从制浆造纸工业的废渣方面系统介绍国内外比较成熟的资源综合利用技术，希望本书的出版能够为从事制浆造纸生产和环境保护工作的从业人员、环境保护管理工作人员，以及从事制浆造纸和环境保护相关科研人员提供参考，为推动我国制浆造纸行业的可持续发展奉献绵薄之力。

本书架构由北京工商大学汪苹教授提出，并负责组织人员编著。具体内容由以下作者主要完成：第 1 章由北京工商大学冯旭东、轻工业环境保护研究所宋云和吕竹明负责编著；第 2 章由轻工业环境保护研究所宋云、吕竹明和张琳负责编著；第 3 章由宋云和张琳负责编著；第 4 章由冯旭东负责编著；第 5 章、第 6 章由宋云和张琳负责编著。

本书在编著过程中，主要参考了中国造纸学会编写的《中国造纸年鉴》和行业内专家学者的研究成果，在此一并向他们致以谢意。

由于编著者的学识和时间有限，编著中难免有疏漏和不足之处，谨请读者和同仁予以指正。

编著者
2017 年 6 月

CONTENTS

目 录

第 4 章　碱回收过程废渣综合利用技术

第 5 章　造纸阶段筛选浆渣的回收利用技术

第6章 造纸废水生化处理污泥综合利用技术

附录

索引

第1章

造纸废渣的产生

1.1 制浆过程废渣的产生

1.1.1 备料过程

1.1.1.1 木材备料的基本过程及废渣的产生

（1）木材的备料过程

自然界木材种类繁多，而作为制浆造纸原料则要求：材质不能过于坚硬密致，木节要少，色泽较白，纤维细长；化学组成方面纤维素含量高，木素含量低，树脂要少。因此造纸工业常用的木材主要有云杉、红松、冷杉、落叶松、马尾松等针叶材和白杨、青杨、桦木、榉木等阔叶材。

木材从林区采伐，由陆路或水路运送到制浆厂后，必须经过一定的处理才能满足制浆的要求。从原木起到制成生产磨木浆所需的成材或制成符合生产化学木浆要求的木片为止的一段处理过程，称为木材备料。主要包括原木贮存、锯断、去皮、除节、削片、筛选和木片的输送贮存等几部分。供生产磨木浆用的木材备料，不需削片，而只需锯成一定长度的木段，供磨木机使用。通常采用的备料流程见图 1-1[1]。

1）原木的锯断 锯木的目的是将长短不齐的原木锯成一定规格的木段，以适应削片机、磨木机等设备的处理要求。同时大径原木、腐朽木，为了便于劈木，也需要锯断。

锯木机有多锯机、单圆锯和带锯。多锯机仅适用于大型制浆厂，锯断长度大致相等；带锯锯木效率不高，而且设备庞大，故仅在个别厂中应用；单圆锯由于设备构造简单，使用方便，可将原木锯成任意长度，使用最普遍。

2）原木的去皮 树皮的纤维含量很低，灰分含量高，不仅在造纸上利用价值很小，而且混在木材中反会增加纸浆的尘埃度，影响纸浆质量，增加化学药品消耗。因

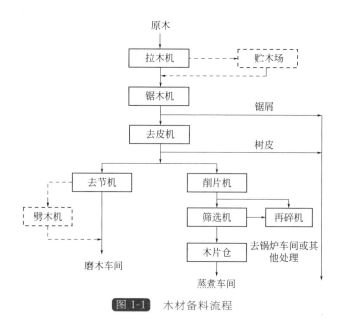

原木

拉木机 ------> 贮木场

锯木机 ──→ 锯屑

去皮机 ──→ 树皮

去节机   削片机

劈木机   筛选机 ──→ 再碎机

磨木车间   木片仓 ── 去锅炉车间或其他处理

蒸煮车间

图 1-1　木材备料流程

此，木材在投入生产前要去皮。

目前，原木剥皮所使用的设备多为鼓式剥皮机，也叫剥皮鼓。剥皮鼓主要有两种形式，即鼓体上有条形缝的剥皮鼓和没有条形缝的剥皮鼓。树皮呈片状的原料选用带缝的剥皮鼓比较合适，因为片状的树皮可以从条形缝中出来，剥皮效率有保证。树皮比较长且呈条状的选用不带缝的剥皮鼓更适宜。带缝的剥皮鼓自身比较长，在机械运动下树皮容易缠绕在一起，这时缝就起不到使树皮和原木分离的作用；若选用此设备，其下必须配皮带输送机运输树皮，增加了机器的安装高度及厂房高度，投资增大[2]。

3）原木的除节和劈木　树节是树木在生长期间，长在树干上的枝条基部。木材树节相当坚硬，颜色深，含树脂多。在生产磨木浆时，节子容易磨损磨石表面，降低磨木机的生产能力，增加电耗，影响纸浆质量。当生产化学浆时，不但容易损坏削片机刀片，而且增加化学药品消耗，使未蒸解组分增加，增加尘埃，容易引起树脂障碍，因此必须除节。

直径太大的原木，不能送进磨木机料箱和削片机的喂料槽，必须先用劈木机劈开。此外为了去除腐朽、原木内的死节等，也必须将原木劈开。

4）原木和板材的削片　制造化学木浆、高得率化学浆和木片磨木浆等，都必须将原木、板材或枝丫材削成已定规格的木片，然后进行蒸煮或磨浆。削出的木片要求匀整平滑、长短和厚薄均匀一致。木片规格与浆种有关，对纸浆的质量影响很大，因此要有较高的均整度和合格率。

5）木片的筛选　从削片机出来的木片，规格大小不一，除合乎要求大小的木片外，还有粗大片、碎木屑、木节等。粗大片、木节等在蒸煮时不易为蒸煮液所浸透，造成蒸煮后含未蒸解组分；而碎木屑等在蒸煮中亦会造成困难，使蒸煮操作难于掌握，故需经过筛选，除去粗大片、碎末等，只用大小均匀的木片进行蒸煮。

6）木片再碎　从木片筛选出来的粗大片、木条等，其中有 $80\%\sim90\%$ 是有用的木材，但需经过再碎，使其成为符合要求的木片，以充分利用于生产。这样木材的损失率可降低到 $1.0\%\sim1.5\%$，同时也保证了木片的质量。

再碎的方法有的厂是将筛选后的大木片回送到削片机中再削，有的厂是使用再碎机处理，然后并入木片系统中。

（2）木材备料过程中废渣的产生

木浆厂的备料废渣主要是树皮和木屑。树皮主要产生于原木的去皮环节，木屑主要产生于原木的锯断和木片的筛选等环节。绝干树皮的热值大约为 $15000\sim20000kJ/kg$，一般树皮的干度为 50% 左右，其热值为 $5000\sim7000kJ/kg$[3]。

国外的树皮 95% 以上都用作树皮锅炉的燃料。国内木浆厂以前很少有用树皮锅炉的，松木等大多已在林区剥皮，厂内树皮量不多，有的厂将树皮作为燃料出售给本厂职工或附近居民。但有的厂贪图方便，将部分树皮直接冲入地沟，造成很大的水体污染。目前国内大型浆厂已开始使用树皮锅炉，用来燃烧树皮和木屑。

1.1.1.2　麦草备料的基本过程及废渣的产生

（1）麦草备料的特点

从表 1-1 可看出麦草各部分的成分，无节麦秆综纤维素含量高，纤维平均长度、纤维长宽比都较其他部分大，而灰分和二氧化硅含量较其他部分低得多，是成浆的有用部分，在备料时应减少其损失。麦草的叶、鞘、节等占全麦草质量的 1/3 还多，这些部分虽综纤维素与无节麦秆相差较少，但纤维素含量、纤维长度均较无节秆部低很多。麦草灰分的 60% 集中于叶、鞘中，鞘、叶、穗的 1% 氢氧化钠热水抽出物和苯、醇抽出物含量都很高，在备料时应尽可能除去。

麦草的叶、鞘中二氧化硅含量高，杂细胞和多戊糖含量也高，纤维短，在制浆中得率低，碱耗高。蒸煮前期消耗大量的碱，使蒸煮液浓度明显下降，不利于秆部的蒸煮，二氧化硅一部分与碱反应，大部分进入废液，影响黑液的碱回收操作。在备料时尽可能地除去叶、鞘、节，可减少成浆中杂细胞的量，减少成纸的纤维性尘埃[4]。

表 1-1　麦草各部位的成分

部位	无节秆	叶	鞘	节	全草
部位质量分数/%	52.40	29.10	9.30	9.20	100.00
纤维平均长度/mm	1.51	1.01	1.26	0.67	1.32
纤维长宽比	103～93	73	90	37	—
综纤维比质量分数/%	70.35	60.95	69.86	67.97	68.42
二氧化硅质量分数/%	1.98	7.52	7.66	2.14	4.14

（2）麦草干法备料

干法备料是由切草机、除尘器等设备组成的备料系统，料片合格率较高，动力消耗少。可除去料片中大部分尘土和部分草叶、鞘等，具有成熟的经验技术。

图 1-2 为麦草干法备料的生产流程。

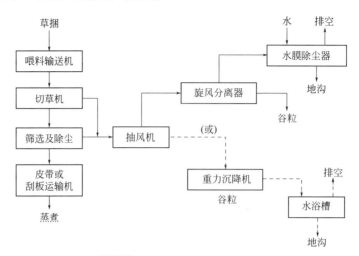

图 1-2 麦草干法备料生产流程

1）切草　为了便于输送、筛选、除尘，有利于药液的渗透，增加装球量，使蒸煮质量均匀一致，要把原料适当切断。

切草长度一般要求在 30～50mm，不要过短或过长：过短即过分地切短纤维，浪费动力，增加磨刀次数，浪费时间，效率低；过长则药液渗透困难，减少装球量，蒸煮不均匀。因而要求切草合格率在 80％以上。

目前我国各造纸厂常用的切草设备有刀辊式切草机和圆盘式切草机。刀辊式切草机具有对各种非木材纤维原料适应性强的优点，所以一般中小型厂使用较普遍，但其传动部分较复杂，喂料操作较为困难，且切料时震动较大，尘土飞扬较厉害。圆盘式切草机生产能力大，喂料容易，多用于大厂切苇或芒秆、高粱秆等，但动力消耗较大。

2）筛选除尘　筛选除尘目的是除去草节、草屑、谷粒、泥沙、叶、灰尘等，以减少草浆中的黄黑色尘埃，降低蒸煮用碱，提高纸浆的质量。

根据麦草含杂量大的普遍问题，宜采用两段除尘：一段是切草前使用平筛除尘，可除杂 80％～85％；另一段是切后草片用双锥草片除尘器除尘，经过使用证明比羊角除尘器有更好的效果，除杂率高，草片损失小且维修周期长[1]。

（3）麦草湿法备料

加强对料片的进一步净化是提高制浆质量的重要环节，湿法净化可使料片更洁净。湿法备料由水力碎解机和脱水设备等组成。在齿盘的机械力和水力作用下，将麦草切断、撕碎，成为合格的料片由筛孔漏出，在此过程中草叶、鞘、穗于机械等力作用下被分离、粉碎随水滤出，砂、尘土等在离心力、重力作用下被分离出，得到洁净的料片。湿法备料除杂效果好，料片干净，无尘土飞扬，操作环境好，但动力消耗太大。为减少动力消耗，保证料片的合格率，尽可能的除去料片中的杂质。可采用干法切料、干法除尘、湿法除杂的备料工艺，干法切草，料片合格率高，干法除杂能除去大的土、石、砂等较大的重杂质，还可部分地除去草叶、草穗等杂质，动力消耗小，可减轻湿法除杂的负担，提高设备处理能力。湿法除杂在水力碎解机或辊式洗草机中进行，通过机械、水力作用能使草叶、鞘、穗与麦秆分离，并碎解除去，能除去80%以上的尘土、泥沙。经干切和干湿法除杂之后，较好地除去草叶、尘土等杂物，降低了料片中尘土含量，尘土含量较干法备料少40%[4]。

（4）麦草备料过程中废渣的产生

国内草浆厂的备料废渣大多为草屑和灰土，主要产生于切草、筛选除尘工艺过程中。草屑和灰土的处理也是工厂头痛的问题，草屑等由于适应性差、采食率低，消化、吸收也很差，不能直接用作牛羊饲料。近年来据有的工厂分析，其燃烧热值约为6281～6490J/kg，有使用价值。现在国内处理方法是燃烧回收热能。

1.1.1.3　甘蔗渣备料的基本过程及废渣的产生

（1）甘蔗渣的备料过程

甘蔗渣较其他的茎（秆）农作物，用作制浆工业原料更为有利。甘蔗渣的皮层和维管束具有木质特性并有为其自身重量5倍的吸收当量，而髓部却有一个约为自重30倍的吸收因子。皮层带有含硅酸的面层。硅酸的含量系受甘蔗生长所在的土质的影响。对洁净的干固体蔗渣基准的髓含量范围约是自身重的20%～35%，即已扣除了尘埃、碎屑（废叶和废茎部分）、可溶物以及机械损失部分。甘蔗渣在我国南方广泛用作造纸原料，蔗渣的备料包括除糖和除髓两个过程。

1）除糖　一般机榨蔗渣中含有3%～5%的糖分，它的存在不但在蒸煮时耗碱量多，而且糖分在高温下与碱作用，生成棕色物质，造成漂白困难。因此，作为造纸原料，蔗渣必须经过除糖处理。

除糖方法是将蔗渣打包存放，使糖分在空气中自然发酵。蔗糖贮存1周后，除糖率可达92%以上，1个月后可达95%，贮存3个月后除糖率达99%以上。自然发酵是最经济、简单而又有效的除糖方法。经过发酵，糖分降低到0.05%，而纤维素的损失不大，适于作造纸原料[1]。

2）除髓　一般蔗渣中含有55%左右的皮层纤维，髓细胞占25%，维管束占20%左右。髓细胞为海绵状无定形物质，细胞粗短，缺乏交织能力，它的存在会在生产过程中引起一系列困难，因此应在备料中予以除去。除髓率一般为30%～40%。

蔗渣的除髓方法有干法、半湿法和湿法三种。三种方法都是根据髓细胞松软、粗短的特点，利用机械作用，将其与蔗渣纤维分离，然后用筛选方法将其除去，留下纤维。

① 干法除髓。所谓干法除髓即蔗渣经堆存后，水分降至20%左右时蔗渣的除髓，用于处理打包堆存的蔗渣。

在干法除髓中，经堆存的蔗渣包在破碎机中将之打碎并使物料通过一台分级筛子，并通过空气分离器以使纤维和髓相分离。大约有1/3～1/2的髓被除出，但同样有适量的纤维损失掉。蔗渣在进入这个分离过程时的水分值约为15%～20%。根据蔗渣堆场的位置，分离出的髓可以送回糖厂或是送到制浆厂作为锅炉燃料，或使之与桔水混合。

② 半湿法除髓。所谓半湿法除髓即压榨后蔗渣的除髓（此时蔗渣含水分在48%～50%），用于处理来自糖厂的（新）蔗渣。除髓设备必须有高的处理能力足以容纳糖厂输出的蔗渣量而不致影响糖厂压榨车间的正常生产。筛选设备可采用与干法分离时相似的筛子。

分离时蔗渣的水分在50%附近，并由于不再加进水分，故分离出来的髓可以不作进一步的干燥处理而送回糖厂锅炉房去烧。2/3 甚而更多点的髓能借此技术过程除去。这个除髓段有助于制浆的整体经济性。

③ 湿法除髓。所谓湿法除髓即蔗渣在水中呈悬浮状态，经机械作用把蔗髓分离出去，通常是结合用于处理直接来自糖厂的蔗渣，但也可以用来处理打包蔗渣。在国外较普遍采用湿法除髓。

水力碎浆机是目前使用较多的湿法除髓设备，为了加强除髓作用，近年来有些厂使用两台水力碎浆机串联除髓。一般用热水，在浓度8%～10%的条件下，靠水力碎浆机转动叶片和固定叶片的摩擦作用，使蔗髓和蔗渣纤维分离，蔗髓通过筛网连续排出，蔗渣纤维经脱水机初步脱水后到螺旋压榨机压干至35%左右送蒸煮使用。利用湿法除髓，能够获得较为干净的蔗渣纤维，而且除髓率较高，纤维在除髓过程中受到的损伤很小。此外，经湿法除髓后纤维被打散，水分均匀，在蒸煮时均匀吸收蒸煮药液，这对于连续蒸煮尤为有利。它的缺点是，耗水量大，蔗渣经除髓后还需要脱水设备，除下的蔗髓呈湿润状态，较难处理。

（2）甘蔗渣备料过程中废渣的产生

蔗渣浆厂的蔗髓是在蔗渣备料中产生的主要固体废物，主要产生于除髓工序。目前我国蔗渣浆纸厂每年约有10余万吨的蔗髓副产物，基本上都在浆厂或糖厂的煤粉炉中烧掉[5]。

1.1.2 制浆过程

制浆是指利用化学的、加热的、机械的或上述综合的方法将植物纤维原料离解变成本色纸浆或漂白纸浆的生产过程。如图1-3所示为制浆的主要过程。

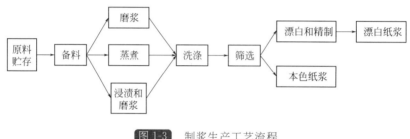

图 1-3 制浆生产工艺流程

制浆的工艺比较复杂，不同原料，不同制浆方法制成的纸浆性质不同，根据现有已工业化的工艺，大致可分为化学浆、机械浆和废纸浆。制浆工艺过程中所产生的废渣主要包括筛选和净化工艺过程中产生的筛渣和废纸浆脱墨过程中产生的脱墨废渣。

1.1.2.1 筛选和净化工艺过程及废渣的产生

（1）筛选和净化的目的

筛选工艺过程是制浆过程中不可缺少的环节，因为无论采用哪种制浆方法都难免在浆中带有少量对造纸有害的杂质，如化学浆中的未蒸解组分、木节、纤维束、树皮等，磨木浆中的粗木条、粗纤维束等以及原料收集、储运和生产过程中带入的砂石、飞灰、垢块、沉淀物、金属杂物、橡胶和塑料等。也包括原料本身带入的不能制成浆的物质，如苇节、苇膜、谷壳、蔗髓、杂细胞、树脂等碎片、碎粒。这些杂质不仅影响产品质量，而且还会损害设备，妨碍正常生产。制浆筛选和净化的目的就是将这些杂质除去，以满足产品质量和正常生产的需要。

（2）筛选和净化工艺过程

原料种类、制浆方法以及纸浆质量不同，所选择的筛选、净化设备和工艺流程、工艺条件也不相同。但是基本要求是筛选、净化效率高，尾渣损失少，设备、流程简单，操作维修方便。

纸浆中尽管存在着各种性质不同的杂质，但分离这些杂质一般采用两种作用原理。一种是利用杂质外形尺寸和几何形状与纤维不同的特点，用不同形式的筛选设备（即过筛的方式）将其分离，这个过程称为筛选。另一种是利用杂质的相对密度与纤维的相对密度不同的特点，采用重力沉降或离心分离的方式除去杂质，这个过程称为净化。生产中，一般是筛选与净化相结合构成纸浆筛选和净化的工艺流程。

纸浆筛选与净化过程，一般可分为粗选、精选和净化。

1）纸浆的粗选　粗选是除去纸浆中尺寸较大的杂物，如木节、草节、生片、木条、砂石、铁屑等，为精选创造良好条件。对纸浆进行的这种初步筛选，称为粗选。

粗选可以在洗浆前进行，也可以在洗浆以后进行。粗选化学浆一般是在纸浆的洗涤后进行。目前较多的工厂是将筛选和洗涤同时进行。尤其在使用真空洗浆机和压力洗浆机时，最好在洗浆前进行粗选，以免粗大的块状杂物破坏工作条件。

目前国内普遍使用的粗选设备是高频振框式平筛，其特点是：除节能力高，动力消耗低，占地面积小，适用于各种浆料。生产能力大，操作简便，易维修。但喷水压力要求较大，操作环境有时较差。也有的用 CJ 型除节机。

2）纸浆的精选　精选是进一步除去粗选后浆料中仍然存留的较小粗片、纤维束、浆团等纤维性杂质。

常用的精选设备有离心筛、旋翼筛及振动筛等，需根据不同浆料种类加以选用。我国目前多数纸厂选用 CX 型离心筛，ZOF 系列单、复式纤维分离机，ZOFF 系列单、复式纤维分离机，WP型外流式压力筛，OP型内流式压力筛，JS型中浓波纹压力筛，轻渣分离机，立式高浓压力筛，卧式高浓压力筛等设备。

3）纸浆的净化　纸浆的净化一般是指分离比纤维密度大而颗粒小的小杂质。通常采用重力沉降和离心的方法去除。常用的净化设备有除砂沟和除砂器。

①除砂沟（沉砂槽）。除砂沟是最简单、最古老的设备，它利用重力沉降原理，即把浆料稀释至0.5%左右的浓度，以一定的流速（10～12m/min）流动。由于砂粒、铁屑等杂质比纤维重，借助它们自身的重力，自然沉降落入沟底，达到浆与杂质分离的目的。除砂沟中设有挡板，以利杂质沉降和避免因浆料流动再将沉降的杂质重新带起。

沉砂槽的特点是结构简单，不需动力。但占地面积大，沉砂效率低，纤维流失大，需经常清洗，已属淘汰设备。

②除砂器（除渣器）。除砂器是利用离心分离的净化设备，常见的有筒形除砂器和锥形除砂器两种。

筒形除砂器是将浓度为1%左右的浆料以一定压力沿切线方向进入除砂器，纸浆在器内旋转运动。砂粒等由离心力甩至器壁，由重力沉至锥底排出。良浆则沿中心盘旋上升至顶部排出。

筒形除砂器的特点是：直径较大，锥底角度大，进浆压力不高，所以分离杂质的效果不如锥形除砂器。一般用于除去颗粒较大的砂粒和杂质。

锥形除砂器是目前使用最广泛的净化设备，其除砂原理与筒形除砂器相同。但直径较小，呈锥形，这样就使浆流在锥形除砂器内始终保持较高的旋转速度，以增大离心力，保持对杂质有足够的分离作用。这也是锥形除砂器比筒形除砂器分离效果好的原因所在[1]。

（3）筛选和净化的影响因素

影响纸浆筛选的主要因素有以下一些。

①筛板的孔径（或缝宽）、孔间距及开孔率、筛孔（筛缝）的大小影响到截留在筛板上的杂质的尺寸和数量。因此，筛孔（筛缝）的选择应根据浆料种类、纤维和杂质的尺寸、进浆量、进浆浓度和浆的质量要求等来确定。一般纤维平均长度越长，浆料越粗硬，孔径（缝宽）越大。筛选的有效面积取决于孔径和开孔率。开孔率与孔间距成反比。孔径一定，孔间距越大，则开孔率越小，即筛选的有效面积小，因而产量低，排渣量大。圆孔的直径一般为浆料的平均纤维长的2倍，孔间距离不应小于这种浆料纤维的最大长度。

②进浆浓度与进浆量是影响筛选效率的主要因素之一。浓度较大时，良浆与粗渣不会很好分离，浆渣中的好纤维较多，排渣率高，纤维损失大。相反浓度过低时，生产能力下降，筛选效率低。当浓度一定时，进浆量越大，产量越高，筛选效率也越高，而电耗的增加并不明显。因此要求筛选设备尽可能在满负荷下运行。对一定的筛选设备来说，都有其最适宜的筛选浓度和进浆量。

③稀释水量和水压，筛选时，浆料从进口端到排渣端浓度越来越大，为了连续

有效地筛选需加入稀释水。稀释水的加入量应合适，过多则浆浓度较稀，小的粗渣会随纤维一起通过筛孔，良浆质量下降；过少，好纤维会随粗渣排出，严重时甚至会引起糊板和堵渣，影响正常操作。稀释水的水压也有要求，不宜超出工艺条件要求的范围。

④ 压力差是指进浆与良浆间的压力差或筛板两边的压力差。对高频振框式平筛，压力差对筛选效率影响不大，但对离心筛则影响较大。其他条件不变时，压力差增大，则推动浆料通过筛孔的作用力增大，筛选能力提高，但筛选效率会下降。

⑤ 转速，对离心筛来说，转子的转速是影响筛选的重要因素。转速过低，则离心力不足，分离作用小，产量低，筛孔易堵塞，纤维流失大。转速过高，则产生的离心力太大，从而增加动力消耗和降低筛选效率，但生产能力增加。

⑥ 排渣率大小影响筛选效率。对于固定的筛板，排渣率越高筛选效率越高，但排渣率增加至 30％ 以上时，筛选效率不再有明显提高。

⑦ 纸浆种类，不同原料的纸浆或同一原料不同硬度的纸浆，纤维长度和滤水性不同，筛选效果也有差别。因此，生产中应根据具体情况制定合理的工艺操作条件[6]。

（4）硫酸盐木浆筛选和净化过程中浆渣的产生和处理

木材原料中的木节子和树干部分的木材不同，它的密度大、木素含量高，一些针叶材木节子中还含有较多的树脂，常规蒸煮方法煮不透。有些大而厚的木片，由于蒸煮药液浸透得不好，蒸煮时来不及达到必要的蒸解度，也成了未蒸解组分。蒸煮后的粗浆，总会有部分未蒸解的木块、竹节和粗纤维束，通常用压力筛和振动筛将其筛出。经振动筛筛出的块状筛渣，俗称块子，经压力筛筛出的筛渣，称为 CX 筛渣。两种筛渣的数量随削片质量、蒸煮均匀度、粗浆硬度大小而变化[7]。

由于制浆方法、浆品种和质量要求不同，筛渣数量不同。国外硫酸盐法浆厂的筛渣为 0.5％～3％。国内化学浆厂筛渣量为 10％ 左右[8]。

木节子本身结构致密，削片后容易形成超厚超大木片，蒸煮后无法成浆。黑龙江斯达造纸公司制浆车间筛出的节子厚度和长度测定结果见表 1-2、表 1-3。

表 1-2 落叶松硫酸盐法浆节子厚度分布

厚度/mm	分计级配百分率/％	累计级配百分率/％
>8	8.89	8.89
5～8	19.14	28.03
3～5	29.63	57.66
<3	42.34	100.00

表 1-3 落叶松硫酸盐法浆节子长度分布

长度/mm	占节浆总量/％	长度/mm	占节浆总量/％
>50	14.67	20～30	38.11
30～50	11.13	<20	36.09

由表内数据可见，节子中超厚（3mm 以上）片占 50％以上，超长（30mm 以上）片占 25％以上。同时，节子中 50％～70％是树木节子，30％～50％是未蒸解木片。

筛渣的处理，按其处理方式可划分为机械法和化学法两种。

1）机械法 机械处理的基本过程是将筛渣经碎浆机破碎，再用高浓盘磨成浆。表 1-4 是两种筛渣和化学浆通过实验室瓦赖打浆机疏解、打浆后得率、破裂强度、卡伯值情况对比。此法的特点是纸浆强度高，纤维损失小，纸浆得率高。但设备投资大，经处理后得到的粗浆色泽深，粗大纤维束多，如不进一步处理，则不适合于要求较高的纸张抄造。

表 1-4 三种料的磨浆得率、破裂强度、卡伯值情况

浆别	CX 筛渣	块子	化学浆
得率/％	87.0	—	—
破裂强度	59.8	49.6	64.4
卡伯值	108.7	107.5	75.0

2）化学法 化学处理一般是利用原有蒸煮设备进行回煮。此法由于初期投资低而为大多数厂家所采用。但是节子回煮时，浆纤维长度短、强度低，此外，节子回煮降低了锅容利用率。

（5）草浆筛选和净化过程中浆渣的产生和处理

草浆生产过程中的废渣主要来源于筛选系统，平筛或离心筛筛出来的筛渣通过尾筛处理，由尾筛筛出的良浆再送回筛选系统，最初粗筛筛出的和尾筛筛出的筛渣通过螺旋压榨进行脱水，然后通过蒸煮系统制成浆。该种装置节约原料，同时减少筛渣的处理问题。草浆筛选系统筛出来的全部筛渣在 2％～3％，因为筛渣在浆净化系统能循环使用，故通过此筛选系统没有纤维损失。

（6）机械浆筛选和净化过程中浆渣的产生和处理

磨木浆、化学机械浆、半化学浆的筛渣量约为 20％～30％。为节约纤维原料降低成本，这部分粗渣必须回收利用。处理的方法有以下几种。

① 磨木浆的粗片送回磨木机或再磨机磨碎。

② 粗选后的浆料采用先磨后筛选，此法主要适于高得率化学浆。先磨主要起疏解作用，以减轻筛选负荷。

处理粗渣常用的设备有梳状磨节机、盘磨机和打浆机。梳状磨节机因效果不太理想而使用很少，更多的厂是采用盘磨机。盘磨机原理和打浆用的盘磨是一样的，利用盘磨机处理粗渣纤维，不仅可使粗渣变细，而且可提高纤维及浆渣的质量。磨后的纤维一般比较短小，如果浆料质量要求不高的话，可以混入良浆中一起使用。但一般都是单独使用，如抄造包装纸、瓦楞原纸、低级纸板和芯纸等。

1.1.2.2 废纸浆的脱墨工艺过程及废渣的产生

（1）脱墨的工艺过程

废纸制浆的主要工序为碎浆、筛选、除渣、除砂、脱墨、浓缩、洗涤和筛选、漂

白，见图1-4。

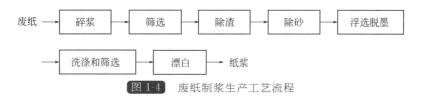

图 1-4 废纸制浆生产工艺流程

回收的大部分废纸中含有油墨，废纸的脱墨是废纸再利用过程中的重要环节。废纸脱墨的目的是除去印刷废纸中所含的大量油墨，使废纸成为白纸浆，以满足生产需求。废纸的脱墨使得废纸浆的价值得以提高，同时也提升了其生产的纸张级别。

脱墨就是根据油墨的特性，采用合理的方法来破坏油墨粒子对纤维的黏附力，即通过化学药品、机械外力和加热等作用，从而产生润湿、渗透、乳化、分散等多种作用，将印刷油墨粒子与纤维分离，并从纸浆中分离出去的工艺过程。

脱墨的整个过程大概分3个步骤：a.疏解分离纤维；b.使油墨从纤维上脱离；c.把脱出的油墨粒子从浆料中除去。废纸在碎浆机中进行离解，在机械作用和适当的温度条件下，纸面润胀，在碎浆机强烈的剪切作用下，废纸被疏解成纤维，使成片的油墨粒子分散开，为均匀脱墨创造了条件；在碎浆过程中加入化学药品，通过其中皂化剂的作用将油墨皂化，从纤维上分离出来；游离出来的油墨粒子通过洗涤、浮选或其他方法除去。

1）洗涤法 该法是一个水力分离的过程，其原理是通过筛板或筛网设备对纸浆悬浮液进行筛选，即纸浆在重复地稀释和浓缩过程中，将分散的油墨、填料及一些细小纤维随洗涤水被筛板或筛网过滤除去。洗涤法要求油墨颗粒的尺寸越小越好，以获得良好的脱除效果。通常适宜范围为颗粒径小于 $10\mu m$，颗粒径在 $5\mu m$ 以下时去除效果最佳。在实际生产中，若筛板或筛网的网目大一些，则油墨去除率提高，但纤维流失也增大，因此洗涤法脱墨工艺需要使用分散剂以促进油墨颗粒分散，以保证筛网的网目足够大来通过而又控制纤维的流失。要求油墨颗粒具有亲水性，这样才能较容易地与废水一起排出。

洗涤法的特点是能将细小纤维和填料有效地与油墨颗粒一道从纸浆中除去，通常应用于不含填料的卫生纸生产以及容易分散的胶版印刷油墨和凹版印刷油墨的去除。洗涤法工艺设备较简单、投资少。

洗涤法的缺点是脱墨纸浆纤维损失较大，水耗多，能耗高，排放的洗涤废水处理较复杂。该法由于耗水量大故不适用于水资源缺乏地区。

2）浮选法 该法去除油墨粒子是利用采矿业浮选选矿的原理，即根据纸纤维、填料和油墨粒子等组分的可润湿性差异及利用颗粒不同的表面性能，憎水性的油墨粒子吸附在空气泡上，浮到浆面上除去，而亲水性的纸纤维则会留在水中（通常浓度在 $0.8\%\sim1.3\%$），因而达到分离的目的。浮选法必须将空气鼓入并以微小气泡形态介入稀释的纤维水悬浮液中，油墨粒子由于受到水的排斥而附聚到空气泡上并浮至液面上，含有油墨的泡沫由机械逆流或真空抽吸方式被除去。通常被除去的泡沫中都夹带一些纤维，其流失量多少与纤维表面特性有关，研究认为机械木浆（短纤维）比化学木浆（长纤维）更容易被泡沫夹带流失。空气泡的多少、气泡的大小以及气泡的稳定性等均将影响到浮选的效果。从理论上推理，空气泡的比表面积应是越大越好，即空气泡越小，比表面积越大，则浮选效果就越好；但生产实践证明，空气泡的直径也不能太小，当小于 0.1mm 时，小气泡将会吸附到纤维上，从而去除泡沫时会造成纤维的大量流失。实验结果表明，只有空气泡的直径大于 0.5mm 时，空气泡才有足够大的浮力推开纸浆悬浮液中由纤维形成的层阻力而上浮到表面，因此，浮选时溶气缸所产生的空气泡，应避免有直径小于 0.5mm 的小气泡产生。生产实践认为，空气泡大小与油墨颗粒大小的比例以 5∶1 较为理想，即油墨粒子在空气泡上吸附比较稳定，浮选效果也越好。

由于从纤维上脱离分散的油墨粒子通常还含有直径很小的胶体，有的表面特性呈很强的亲水性，这部分的油墨粒子很难采用浮选法直接除去，因此，在浮选法过程还需要加入捕集剂，它的作用是将微小的油墨粒子捕集成较大的粒子，使其直径在 $10\sim150\mu m$ 之间并连同捕集剂一起吸附到气泡上，同时使这些聚团的表面具低负电荷呈现憎水特性，因而使这部分油墨聚团容易地被浮选并除去。

浮选脱墨自 20 世纪 90 年代以来发展很快，尤其浮选槽的结构和功能有许多更新和改进，其浮选效果不断得到提高，以适应各类废纸的回收利用。

（2）废纸脱墨的影响因素

废纸脱墨的效果主要受以下几个方面的影响[9]。

1）印刷油墨的种类与印刷方法　一般来说，颜料、连接料和附加料三者组成印刷油墨。其中，油墨组成中的重要成分是连接料，很大程度上制约着脱墨程度。不同印刷油墨的连接料的组成不同，其化学反应活性、与纤维结合交联强度、包裹颜料的完整度和表面极性均不同，则脱墨性能迥异。连接料一般因油墨的特性而异，即不同的油墨需要含有不同组成和特性的连接料。颜料因本身具有颜色，又被连接料粘在纤维的表面上，在脱墨过程中很难被完全除去，因此会对废纸浆的白度造成一定的影响。按照油墨固化的原理，能够把印刷的方法分成以下的两类。

第一类印刷方法是利用吸收与蒸发的方式附着油墨。这类油墨因为在化学性质方面变化较小，所以在浮选脱墨过程中容易与纤维分离而被除去。

第二类印刷方法是间接印刷。印刷过程中，只有在相对较高的温度下才能在纤维上附着油墨。由于印刷过程温度较高，使油墨发生化学反应，反应生成的过氧化物连接到纤维上，增加了浮选脱墨的难度。印刷方法的不同，造成油墨的性质发生改变，从而影响脱墨的效果。因此，需要依据油墨组分和印刷方法的类型选择合适的脱墨工艺。

2）废纸的种类　因为印刷品所用纸张性质、印刷油墨组成的差异，所以需要采用不同的脱墨方法和药品配方等。只有将废纸合理分类，针对印刷废纸的类别，确定脱墨工艺条件，才能够取得理想脱墨效果。废纸存放的条件也会影响脱墨的效果，废纸贮存的湿度越高、温度越高、存放时间越长，脱墨浆的质量越差。

3）脱墨剂与废纸的加入顺序　如果先向碎浆机中加脱墨剂，使其在热水中充分溶解，然后再把废纸加入碎浆机中。该顺序有利于对药液的用量进行控制，能够增加脱墨剂与废纸接触的程度，有利于两者的反应。若先加入废纸，在废纸的碎解过程中，为油墨粒子进入纤维内部提供了机会，导致在后续的洗除和浮选过程中，进入纤维内的油墨不容易被除去，使得脱墨效果降低。

4）脱墨 pH 值、温度和时间　由于大部分废纸脱墨剂是碱性的，因此在脱墨过程中，如果要取得较好的脱墨效果，需要控制浆料 pH 值在 9～11 之间。对于含有不易去除颜料的纸，需采用比较低的 pH 值和比较高的温度。脱墨过程所需温度和时间在很大程度上依据废纸中油墨性质、脱墨剂和其他工艺条件来确定。脱墨过程中，较高的温度有利于油墨的软化与分离，还能够增加化学反应速率，从而改善油墨的去除效果。但对机械浆含量较高的废纸，需要低温脱墨，温度应低于 60℃，否则会导致纸浆变黄，白度下降。当脱墨温度较高，脱墨剂的化学作用较强时，可以适当缩短脱墨时间。

5）浆料洗涤　在废纸脱墨后，必须马上快速地对浆料进行洗涤，防止油墨内的颜料造成纤维被染色，降低纸浆白度。

（3）脱墨工艺过程中废渣的产生

脱墨污泥是回收的印刷废纸在制浆过程的脱墨阶段生成的污泥，脱墨污泥的化学组成较复杂，其中的有机物约为 70% 以上，无机物与其他杂质所占百分比低于 30%。有机物中主要含有细小纤维、印刷油墨和废纸中夹杂的塑料等；无机物中主要有制浆造纸过程中添加的碳酸钙等填料、高岭土等涂料，还包括为满足生产需要添加的其他无机盐。废纸回收利用引起了各国的广泛关注，其回收利用量每年都在增加，在制浆过程中相应产生脱墨污泥的量也不断增加，脱墨污泥的合理处理利用对造纸行业来说意义重大[9]。

李恒[10]对旧报纸和旧杂志纸脱墨污泥的成分进行了分析(见表 1-5)，脱墨污泥中的 C 元素很高，占污泥总量的 24.59%，污泥有机质含量丰富，主要来自污泥中残留的短纤维、细小纤维等，同时废纸脱墨污泥中的全氮（TN）、全磷（TP）、全钾（TK）含量分别达到 2.81g/kg、1.23g/kg、81.14g/kg，均高于国家第二次土壤普查一级土壤养分分级标准。其中 K 含量较高，主要来自废纸及废纸制浆过程中添加的造纸化学品。如若对废纸脱墨污泥合理利用，废纸脱墨污泥将是一种环境友好并且经济适用的肥料。

表 1-5　废纸脱墨污泥中基本元素含量及国家第二次土壤普查养分标准(一级土壤)

单位:g/kg

项目	C	H	O	S	TN	TP	TK
脱墨污泥	245.91	22.23	727.50	1.64	2.81	1.23	81.14
一级标准	>40	—	—	—	>2	>1	>25

废纸脱墨污泥中主要重金属污染物含量见表 1-6，其中重金属 Hg 含量未测出，原因可能是废纸脱墨污泥中 Hg 含量极低，未达到仪器检测限，并且 Hg 易挥发，在

脱墨污泥消解过程中可能造成流失。

表 1-6　废纸脱墨污泥重金属含量及农用污泥污染物控制标准　单位：mg/kg

重金属	脱墨污泥	控制标准(酸性土)	控制标准(碱性土)
Cu	269.02	250	500
Zn	327.84	500	1000
Ni	40.11	100	200
Cr	214.07	600	1000
Pb	235.20	300	1000
Cd	0.06	5	20
As	113.73	75	75

由表 1-6 可知，废纸脱墨污泥中，Zn、Ni、Cr、Pb、Ni 的含量均未超过国家《农用污泥中污染物控制标准》（GB 4284—84），但是 Cu 和 As 的含量均不满足国标中对于铜和砷的限值标准，分别达到了 269.02mg/kg、113.73mg/kg。其中废纸脱墨污泥中 Cu 的含量高于酸性土壤中农用污泥污染物 Cu 的控制标准，但是低于碱性土壤中农用污泥污染物 Cu 的控制标准；As 的含量则均高于酸性土壤和碱性土壤中农用污泥污染物 As 的控制标准。

重金属具有难迁移、易富集、危害大的特点，对生态环境危害极大，不能被生物降解的重金属可参与食物链循环，并最终累积在人体内，停留在体内的重金属可对人体正常生理代谢活动产生破坏，造成人体重金属慢性中毒，对人体器官造成巨大损伤。如果把废纸脱墨污泥进行资源化利用应用于农业生产中，超标的重金属不仅会污染生态环境，而且据国外的研究指出，废纸脱墨污泥中的 Cu 会影响土壤中微生物的含量和活性，并会降低微生物的酶活性（脱氢酶、磷酸酶、脲素酶等）。

1.2　碱回收过程废渣的产生

1.2.1　碱回收工艺过程

我国目前大部分造纸厂采用碱法制浆，原料中 50%～60% 的成分（大量木质素和半纤维素等降解产物、色素、戊糖类及其他溶出物）进入黑液。黑液是制浆过程中污染物浓度最高、色度最深的废水，几乎集中了制浆造纸过程 90% 的污染物。每生产 1t 纸浆提取黑液约 10m³（10°Bé），其特征是 pH 值为 11～13，BOD_5 为 34500～42500mg/L，COD_{Cr} 为 106000～157000mg/L，SS 为 23500～27800mg/L。

目前，最为有效解决黑液污染问题的手段是碱回收技术。黑液碱回收的工艺流程如图 1-5 所示。黑液经多级蒸发浓缩后，进入碱回收锅炉进行燃烧，燃烧黑液产生的无机熔融物溶解于稀白液或水中，形成的溶液由于含有少量的 $Fe(OH)_2$ 而呈绿色，称为绿液。绿液的成分较为复杂，硫酸盐法绿液通常含有 Na_2CO_3、Na_2S、Na_2SO_3、Na_2SO_4、$Na_2S_2O_3$、$NaCl$、Na_2SiO_3 等，其中主要成分为 Na_2CO_3 和 Na_2S；烧碱法绿液通常含有 Na_2CO_3、$NaCl$、Na_2SiO_3 等，其主要成分为 Na_2CO_3。

图 1-5 黑液碱回收工艺流程

将石灰加入绿液中，使绿液中 Na_2CO_3 转化为 $NaOH$ 的过程称为苛化。苛化过程中产生的清液称为白液，作为蒸煮药液，其主要成分为 $NaOH$。白液在澄清过程中产生的沉淀物被称为白泥，其主要成分为 $CaCO_3$。用澄清或过滤的办法将白泥分离，经洗涤除去残碱后，再回收石灰或综合利用。

1.2.2　碱回收过程中废渣的产生

苛化过程是造纸白泥产生的工艺环节，苛化过程的反应分两步进行。

第一步为石灰的消化，即生石灰中的 CaO 与绿液中的水反应形成 $Ca(OH)_2$ 乳液并放出热量（以石灰计），其化学反应式为：

$$CaO + H_2O \longrightarrow Ca(OH)_2$$

第二步为苛化，即 $Ca(OH)_2$ 与绿液中的 Na_2CO_3 进行苛化反应，生成 $NaOH$，同时形成 $CaCO_3$ 沉淀，其化学反应为：

$$Ca(OH)_2 + Na_2CO_3 \longrightarrow 2NaOH + CaCO_3 \downarrow$$

将以上两个反应式合并写成苛化总反应式为：

$$CaO + H_2O + Na_2CO_3 \longrightarrow 2NaOH + CaCO_3 \downarrow$$

从上面的反应式可以看出，苛化过程中反应物与生成物中均存在着水难溶物质（即 CaO 和 $CaCO_3$），所以苛化反应是可逆的。在苛化反应过程中，由于 $NaOH$ 浓度增加，Na_2CO_3 浓度逐渐下降，即增加 OH^-，减少了 CO_3^{2-}。根据共同离子效应理论，使 $Ca(OH)_2$ 溶解度下降，$CaCO_3$ 溶解度上升。当二者溶解度趋于相等时，苛化反应达到平衡。

在苛化过程中会产生含碱白泥。根据浆种类的不同，白泥中的成分有差异，其组成如表 1-7 所列。

表 1-7　白泥主要化学成分　　　　　　　　　　　单位：%

项目	总 CaO	MgO	SiO_2	Al_2O_3	Fe_2O_3
木浆白泥	51.0	2.8	3.4	1.4	1.2
草浆白泥	44.4	0.6	7.5~11.0	0.5	0.2

由以上分析可知，白泥中除含有 $CaCO_3$ 外，还含有碱等杂质，简单的填埋处理方式进行处理，会污染土壤甚至地下水，采取资源化的处理方式是白泥处理的唯一出路。

1.3 抄造过程废渣的产生

1.3.1 造纸抄造工艺过程

造纸工艺流程主要分为打浆和造纸。打浆是用机械方法处理水中的纤维使其适合纸机抄造的需要，打好的纸浆通过配浆、除渣、筛浆后，通过网部、压榨部、干燥部、压光卷纸制成成品纸（图 1-6）。

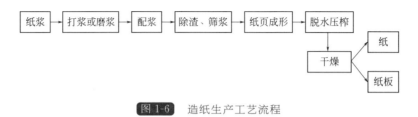

图 1-6 造纸生产工艺流程

1.3.1.1 打浆

打浆就是利用物理的方法，对悬浮在水中的纤维进行机械或流体处理，使纤维受到剪切力，改变纤维的形态，使纸浆改变某些特性如机械强度、物理性能等，以保证抄出的纸和纸板能取得预期的质量要求。通常使用水力碎浆机将成品浆（如浆板）分散在水中形成泥浆或悬浮液。此工序分为连续和间歇两种，最终达到泵送要求。

打浆的方式分为 4 种类型，即长纤维游离状打浆、短纤维游离状打浆、长纤维黏状打浆和短纤维黏状打浆。

1.3.1.2 配浆

配浆就是将两种或两种以上的浆料按一定的比例混合起来的过程。通过配浆可以改善纸张的性能，满足纸机抄造的需要。浆料的配比应根据纸张的质量要求、设备条件、纸浆的性质、来源确定。

1.3.1.3 除渣、筛浆

浆料除渣和筛选主要是去除浆料的重质杂质和轻质杂质。目前使用的设备主要是除渣器和压力筛。

除渣器主要包括低压除渣器、筒形除渣器和锥形除渣器。目前生产上常用的除渣器为锥形除渣器，其除砂效率高。

压力筛又称旋翼筛，有内流式和外流式、单鼓式和双鼓式之分，使用较多的是单鼓外流式压力筛。压力筛最大的特点是密闭操作，避免了腐浆和泡沫的影响，且不用喷水，纸料浓度稳定，易于管理。其次，排渣率可调，从而可使筛选效率得到一定控制。此外，高速旋转的旋翼可使部分纤维絮聚物得到分散。因此，压力筛是一种较理想的纸料筛选设备。

1.3.1.4　纸页成形

网部是纸页成形部位。其原理是通过逐步增大的真空脱水作用，使流浆在网部成形。根据纸张不同，成形网可分为单网、双网、三网，其中单网是常用的成形部，夹网是较先进的成形部。根据其形状不同又可分为长网和圆网。

1.3.1.5　脱水压榨

纸机压榨的主要目的是从纸页脱水并使纸幅固结，其他目的包括提供表面平滑度、降低松厚度和使湿纸页有更高强度，可看作是从网部开始脱水过程的延伸。其流程包括纸幅从成形部传递，并在毛毯上受压脱水，使纸幅固结。

1.3.1.6　纸机干部

纸机干部包括干燥、压光、卷取等工序。其中干燥是通过热蒸发脱去残余水分，湿纸幅经过一系列旋转的蒸汽烘缸，水分被蒸发掉并通过排风被带走；压光是指用辊子进行碾压，目的是为了获得光滑的印刷表面；卷取是指将成品纸卷成规定的纸卷。通常在压光过程中还可以同时进行涂布。

1.3.1.7　损纸系统

损纸系统通常包括湿损纸系统和干损纸系统。湿损纸主要来源于纸机伏辊和压榨部，干损纸主要来源于压光、卷取、分切，这两部分损纸经过损纸处理系统后，可再次进入混浆池。

1.3.2　抄造过程产生的废渣

1.3.2.1　损纸

损纸是在抄纸过程中所产生的断头损纸及不合格纸张的统称，通常在换卷、接头及开机时纸机运行不正常时产生。损纸分湿损纸和干损纸两大类。

1）湿损纸　产生于造纸机湿部和干燥部前半部。

2）干损纸　产生于干燥部后半部、压光、卷纸等处。复卷时接头以及切边、选纸挑出的不合要求的纸张也属于干损纸。

损纸必须处理得当，否则会对抄纸产生不良影响。湿损纸通常用伏辊浆池碎解，然后经浓缩加回到系统中去。对于小型纸机由于湿损纸量较小，可经浓缩后直接进入纸机浆池。对于大型纸机多设损纸浆池，则浓缩后进损纸贮浆池。

干损纸经过水力碎浆机进行碎解，然后纸料再经过高频疏解机处理，以疏解纸料中的小纸片。对于小型纸机可以进入纸机浆池，但对于大型纸机最好进入损纸贮浆池。

1.3.2.2　筛渣

纸浆中的尘埃和杂质可以分为纤维性尘埃、非金属性尘埃和金属性尘埃三大类。纤维性尘埃主要来源于制浆时蒸煮不均匀、筛选不干净；打浆和配浆中未能充分分散的纤维束和碎纸片。非金属性尘埃主要来自原料自身所含砂粒和泥土及生产过程中所带入的煤灰、灰尘等杂质。金属性尘埃主要来自生产设备的磨耗和腐蚀等产物，如铁屑、铜末、锈屑等。

通过除渣和筛选可以将这些尘埃和杂质去除，同时也会产生一定数量的筛渣。筛渣的成分主要包括浆渣、颜料聚集体和粗填料、胶黏剂、砂子、铁屑、铜末、锈屑等。

1.4　末端废水生化处理污泥

1.4.1　造纸废水的处理工艺

目前国内外制浆造纸工业废水的处理流程通常为：首先经过物理或物理化学的方法去除大部分悬浮物及一部分有机物，主要的技术有过滤法、重力沉淀、混凝沉淀、气浮等；然后采用生物法去除废水中的大部分可生物降解的有机物，常用技术有活性污泥法、SBR 法、接触氧化法等好氧生物技术以及厌氧接触法、厌氧流化床法等厌氧生物法，对于高浓度有机废水可采用厌氧与好氧结合的技术。

1.4.1.1　物理化学法

（1）过滤法

过滤法是分离废水中悬浮物的方法之一，当废水通过一层有孔眼的过滤介质或装置时，尺寸大于孔眼的悬浮物颗粒则被截留。当使用一段时间滤水阻力增大时，需用反冲洗或机械方法将截留物从过滤介质中除去。过滤装置或介质有格栅、筛网、石英砂、尼龙布、微孔管等，应按废水中悬浮物的性质来选择才能收到良好的效果。

1）格栅　由钢制栅条组成。用来截留废水中粗大的悬浮物和漂浮物，以免堵塞水泵、管道、闸门等。一般将格栅倾斜地放置在排水沟内。设在水泵前时用粗格栅，栅条的间距为 40～90mm。设在废水处理构筑物（调节池、沉淀池等）前时则用细格栅，栅条间的距离为 16～25mm，可用人工清渣或机械清渣。

2）过滤机　在制浆过程中使用过滤操作较为普遍，如洗浆时用圆网过滤机除去黑液中的纤维，以便于蒸发。真空洗浆机、压力洗涤机就是洗涤加过滤的装置。过滤机是一种筛网过滤装置。它的种类很多，有转鼓式、圆盘式、履带式等。按操作压力不同，过滤机又有真空式和压榨式等。

（2）重力沉降法

密度比废水大的悬浮物质，借助重力作用，从废水中沉降下来，使其与水分离，这一过程称为重力沉降法。所用的设备一般称为沉淀池。

沉降过程一般可分为离散粒子沉降、絮凝粒子沉降、区域沉降和压缩沉降4种主要类型。其中离散粒子沉降中沉降粒子间没有相互作用。在絮凝粒子沉降中,絮凝物之间存在有限的相互作用,因为密度较高和直径较大的絮凝物沉降较快,在其沉降过程中可能与较缓慢沉降的絮凝物作用,使颗粒形状、粒径及密度都发生变化。在区域沉降中,絮凝物形成连续网络结构,其沉降速度受到网络结构瓦解的影响。在常规的沉淀池中,一般来说,在上部发生离散粒子沉降和絮凝粒子沉降,在下部发生区域沉降,因为沉降的所有物质必须通过这一区域。在压缩沉降过程中,悬浮物浓度极高,颗粒之间距离很小,相互接触与支撑,在污泥上层颗粒的重力作用下,迫使下层颗粒的间隙水被挤压出来,从而使下层颗粒层被浓缩压密。一般沉淀池内的贮泥斗及污泥浓缩池内部都出现这种沉降形式。

（3）气浮法

气浮法的工作原理,是在一定的压力下将空气溶解在水内作为工作介质,然后通过浸在被处理的废水中的特定释放器骤然减压而释放出来,产生无数的微细气泡,与废水中的杂质颗粒黏附在一起,使其密度小于水的密度而浮于水面上,成为浮渣而除去,使废水得到净化。

废水中相对密度大于1的悬浮物在重力作用下能自然沉降而被分离,而相对密度接近1的悬浮物,难于沉降或上浮,可以被废水中无数分散的微小气泡附着,随同气泡一起上浮至水面而被分离。但这仅对疏水性的悬浮颗粒有效,因为固体的疏水性越大,越易被空气所润湿,就越易附着于气泡上。可是有些密度较小的悬浮物,如直径小于 $0.5 \sim 1 mm$ 的纸浆、纤维、煤粉等,亲水性很强,整个表面能被水润湿,在水中不易黏附在气泡上。要使这些粒子附着在气泡上,必须改变它们的亲水倾向,即进行疏水化处理,其办法之一是向废水中加入一种称为浮选剂的表面活性物质。这种物质大多数是极性化合物,溶于水后,其极性基团选择性地被亲水性粒子吸附,非极性基团则向着水,这样亲水性粒子的表面转化成疏水性表面就能附着于气泡上,同时浮选剂还有促进起泡的作用,可使废水中的空气形成稳定的小气泡,更有利于气浮。气浮时单位体积的废水中气泡的比表面积越大,则气浮效率越高。即要求气泡的分散度越大越好。一般认为直径为 $50 \mu m$ 左右的气泡最好,它轻、细、浓,稳定性好。在一定条件下,气泡在废水中的分散程度是影响气浮效率的直接因素[11]。

（4）混凝法

混凝沉淀是向待处理污水中加入一定量混凝剂,混凝剂在水中发生水解和聚合反应,形成的正电荷水解聚合产物与水中带电荷粒子或胶粒发生压缩双电层、电中和并辅以沉淀物网捕卷扫作用,使水中污染物粒子聚集成大颗粒电中和/吸附脱稳沉降,形成的污泥可经发酵处理而转变成泥土。随着新型有机、无机高分子絮凝剂的应用,采用混凝法不仅能有效地去除造纸废水中的固体悬浮物和颜色,而且也能去除大部分 COD 物质,COD 去除率在 $59.9\% \sim 73.1\%$,BOD 去除率在 $60\% \sim 70\%$ 。

化学混凝的机理至今仍未完全清楚。因为它涉及的因素很多,如水中污染物的成分和浓度、水温、水的 pH 值，以及混凝剂的性质和混凝条件等。但归结起来，可以认为主要是以下 3 个方面的作用机理。

1）压缩双电层作用 水中胶粒能维持稳定的分散悬浮状态，主要是由于胶粒的 ζ 电位。如能消除或降低胶粒的 ζ 电位，就有可能使微粒碰撞聚结，失去稳定性。在水中投加电解质——混凝剂可达此目的。例如天然水中带负电荷的黏土胶粒，在投入铁盐或铝盐等混凝剂后，混凝剂提供的大量正离子会涌入胶体扩散层甚至吸附层。因为胶核表面的总电位不变，增加扩散层及吸附层中的正离子浓度，就使扩散层减薄，ζ 电位降低。当大量正离子涌入吸附层以致扩散层完全消失时，ζ 电位为零，称为等电状态。在等电状态下，胶粒间静电斥力消失，胶粒最易发生聚结。实际上，ζ 电位只要降至某一程度而使胶粒间排斥的能量小于胶粒布朗运动的动能时，胶粒就开始产生明显的聚结，这时的 ζ 电位称为临界电位。胶粒因电位降低或消除以致失去稳定性的过程，称为胶粒脱稳。脱稳的胶粒相互聚结，称为凝聚。

2）吸附架桥作用 三价铝盐或铁盐以及其他高分子混凝剂溶于水后，经水解和缩聚反应形成高分子聚合物，具有线性结构。这类高分子物质可被胶体微粒所强烈吸附。因其线性长度较大，当它的一端吸附某一胶粒后，另一端又吸附另一胶粒，在相距较远的两胶粒间进行吸附架桥，使颗粒逐渐结大，形成肉眼可见的粗大絮凝体。这种由高分子物质吸附架桥作用而使微粒相互黏结的过程，称为絮凝。

3）网捕作用 三价铝盐或铁盐等水解而生成沉淀物。这些沉淀物在自身沉降过程中，能集卷、网捕水中的胶体等微粒，使胶体黏结。

上述三种作用产生的微粒凝结现象——凝聚和絮凝总称为混凝。制浆造纸工业废水中通常含有大量的胶体，因此混凝法对此类废水具有较好的处理效果，因此广泛应用于预处理和深度处理过程中。

1.4.1.2 生物处理法

（1）厌氧生物处理

目前，厌氧处理技术应用于造纸污水，涉及 TMP、CTMP、机械浆、废纸脱墨浆、蒸发站冷凝水及各类纸及纸板厂综合污水等。近年来我国化机浆、废纸浆等项目发展迅速，由于所采用的设备大多为国外引进，吨产品排水量少、污水污染物浓度高，因而非常适合采用厌氧处理工艺。

目前我国造纸污水的厌氧处理技术主要有内循环（internal circulation，IC）厌氧反应器、颗粒污泥膨胀床（expanded granular sludge bed，EGSB）厌氧反应器、ANAMET（anaerobic aerobiotic methane）厌氧反应器等。

1）IC 厌氧反应器（内循环厌氧反应器） IC 厌氧反应技术是第三代高效厌氧反应器，荷兰 PAQUES 公司在 20 世纪 90 年代开发的专利技术，它是在 UASB(upflow anaerobic sludge bed) 反应器基础上发展起来的较先进的厌氧处理技术，与 UASB 相比，它具有处理容量高、投资少、占地省、运行稳定等优点，被称为目前处理效能最高的厌氧产甲烷反应器。它广泛应用于高浓度有机废水处理领域中。

IC厌氧反应塔内部结构见图1-7。其运行原理是：废水由布水器均匀进入IC反应器底部的混合区，该区含有大量的颗粒污泥，并产生大量的沼气，由于沼气的搅动使得污泥床得到充分膨胀，同时产生的大量沼气经由第一级三相分离器分离并携带部分水和污泥沿升流管上升到反应器顶部的汽水分离器，如有泡沫可开启喷淋水消泡。沼气被分离而进入气体处理系统，水和污泥则沿着中间的降流管回到反应器的底部，与进入反应器的废水混合而使废水得到稀释。因升流管中含有气体、液体、固体三相介质，而在降流管中只有液体、固体两相介质，介质的密度差使系统自动产生内循环，IC反应器也因此而得名。废水中约80％COD_{Cr}在主处理区去除，小部分在精处理区继续得到处理。产生的少量沼气，在第二级三相分离器得到进一步分离。精处理区的水流平稳且有一定高度，因此污泥有充分的时间下降回到主处理区。尽管IC反应器中水力上流速度很高，底部颗粒污泥仍能维持较高的浓度，这是IC反应器稳定运行的关键因素。氮气吹入口主要是用于停机后污泥因带有纤维、砂石、黏土等较重而无法用自身的循环系统来重新悬浮，需通过加入氮气重新启动的情况。取样点用于定期检测颗粒污泥浓度，仪表监测器连续监控IC反应器出水pH值、温度变化。总之，IC反应器是采用厌氧颗粒污泥将废水中易生物降解的COD转化为沼气，该沼气主要成分为CH_4、CO_2以及少量H_2S。

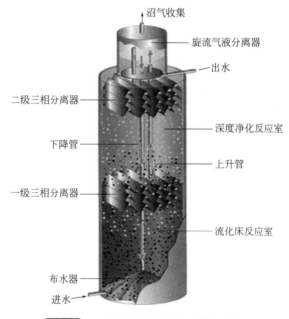

图1-7 IC厌氧反应塔内部结构示意图

2）EGSB厌氧反应器　该反应器是在UASB反应器基础上于20世纪80年代后期在荷兰农业大学环境系开始研究开发的。UASB在常温下处理低浓度有机污水时，由于产气量少，反应器内混合强度低，污泥床内很容易形成断流和死区，使得处理效率下降或反应器难以正常运行。为克服UASB工艺的缺点，科研人员开发出了适应常温或低温、低浓度污水处理的EGSB工艺，通过加大污泥床水流上升流速，增强搅拌混合和传质过程，提高处理效率。

EGSB 大致工作原理是：经调制的混合废水通过特殊设计的进水分配系统泵入反应器底部，废水流经颗粒污泥床发生厌氧反应。废水中的有机物在厌氧条件下与厌氧菌发生反应产生沼气和水，在反应器的顶部设有三相分离器，它能够将处理过的废水、沼气和污泥良好地分离，这样能够让污泥沉降保留在厌氧反应器里，所产生的污泥为颗粒污泥，可定期将所产生的污泥由泵泵入污泥池储存起来，产生的沼气将在EGSB 的顶部得到收集。

3）ANAMET 厌氧反应器　ANAMET（厌氧、好氧和烷处理）厌氧反应器是利用厌氧微生物来处理含有高浓度有机物的废水的处理工艺。废水中有机物中的大部分被转化成沼气。

废水进入厌氧接触反应器内，进水中的悬浮固体及溶解性有机物以及厌氧过程中产生的生物固体，经过真空脱气器进入沉淀池，回流污泥返回接触池。这种厌氧接触工艺提供了使可降解有机颗粒物水解所需的污泥龄。该工艺长污泥龄这一特点使它特别适用于具有较高浓度悬浮固体的制浆造纸废水的处理，尤其是再生纸厂的废水、化机浆废水等。

ANAMET 是 COD 去除率较高的反应器，仅消耗极少能源和化学品，同时能够产生大量的沼气，形成的沼气成分取决于废水的水质，其中含 $50\% \sim 85\%$ 的甲烷。其工作流程如图 1-8 所示。

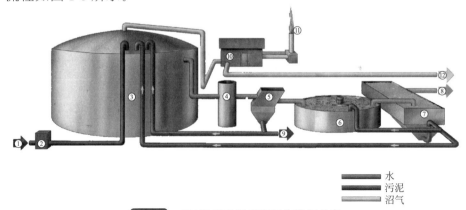

图 1-8　ANAMET 反应器工作流程示意

1—进水；2—热交换器；3—厌氧罐；4—脱气和混凝池；5—厌氧污泥沉淀池；
6—好氧反应器；7—好氧污泥沉淀池；8—排水；9—外排剩余污泥；
10—沼气处理安全系统；11—沼气火焰；12—沼气利用

（2）好氧生物处理

好氧生物处理技术是目前应用最为广泛的水处理方法，该方法主要用于处理污染物浓度相对较低的污水。目前好氧生物处理法的工艺较多，在制浆造纸污水处理领域应用较为广泛的主要有下列几种。

1）间歇式活性污泥法（SBR）　SBR 工艺也叫序批式活性污泥法，它最根本的特点是处理工序不是连续的，而是间歇的、周期性的，污水一批一批地顺序经过进水、曝气、沉淀、排水，然后又周而复始。最初的 SBR 工艺进水、曝气、沉淀、排水、排泥都是间歇的，间歇进水给操作带来麻烦，在池子组合上也必须考虑来水的分配，于是出现了连续进水的 ICEAS 工艺（间歇式循环延时曝气活性污泥法）。它的主要改进是在反应池中增加一道隔墙，将反应池分隔为小体积的预反应区和大体积的主反应区，污水连续进入预反应区，然后通过隔墙下端的小孔以层流速度进入主反应区，沿主反应区池底扩散，对主反应区的混合液基本上不造成搅动，因此主反应区即使连续进水，也可以同时沉淀、排水，不影响污水处理的进程，特别是在小水量的情况下，一个池子就能解决问题。ICEAS 工艺的容积利用率不够高，一般未超过 60%，反应池没有得到充分利用，相当一段时间曝气设备闲置，为了提高反应池和设备的利用率，开发出了 DAT-IAT 工艺（需氧池-间歇曝气池工艺）。它是用隔墙将反应池分为大小相同的两个池，污水连续进入需氧池（DAT），在池中连续曝气，然后通过隔墙以层流速度进入间歇曝气池（IAT），在此池中按曝气、沉淀、排水周期运作，整个反应池的容积利用率可达 66.7%，减小了池容和建设费用。

造纸废水一般显碱性，适应用 SBR 反应器处理，由于 SBR 法工艺简单，其基建投资和运行费用低，占地面积小，可降低处理造纸废水费用。

SBR 法将进水、反应、沉淀、排水和闲置 5 个基本工序集于一个反应器中，周期性地完成对废水的处理。

2）氧化沟 氧化沟是一种首尾相连的循环流曝气沟渠，又名连续循环曝气池，是活性污泥法的一种变型。此工艺是在 20 世纪 50 年代由荷兰卫生工程研究所研制成功。氧化沟工艺大体上可分为 4 类。

① 多沟交替式。系合建式，采用转刷曝气，无单独的二沉池。

② Carrousel 式。系分建式，采用表曝机曝气，有单独的二沉池，沟深大于多沟交替式。

③ Orbal 式。系多建式，采用转碟曝气，沟深较大，有单独的二沉池。

④ 一体化式。不设初沉池和单独的二沉池，集曝气沉淀、泥水分离和污泥回流功能为一体。

氧化沟系统的基本构成包括：氧化沟池体，曝气设备，进、出水装置，导流和混合装置以及附属构筑物。氧化沟一般呈环形，平面上多为椭圆形或圆形，四壁由钢筋混凝土制造，也可以由素混凝土或石材作护坡。

氧化沟工艺是一种利用循环式混合曝气沟渠来处理污水的简易污水处理技术。通常采用延时曝气，连续进出水，不需设初沉池。另外，所产生的微生物污泥在污水曝气净化的同时得到稳定，不需专门设置污泥消化池，大大简化了处理设施。其曝气池呈封闭的环形沟渠形，池体狭长，曝气装置多采用表面曝气器。污水和活性污泥的混合液通过曝气装置特定的定位布置而产生曝气和推动，在闭合渠道内做不停的循环流动，污泥在推流作用下呈悬浮状态，得以与污水充分混合、接触，最后通过二沉池或固液分离器进行泥水分离，使污水得到净化。

3）曝气生物滤池（BAF） 曝气生物滤池（biological aerated filter，BAF），是在普通生物滤池的基础上，并借鉴给水滤池工艺而开发的污水处理新工艺。自 20 世纪 80 年代欧洲建成第一座曝气生物滤池污水处理厂后，曝气生物滤池已经在欧美和日本等发达国家广为流行。曝气生物滤池工艺容积负荷高，水力负荷大，水力停留时间短，所需基建投资少，能耗及运行成本低，出水水质高。曝气生物滤池由开始的作为三级处理的工艺，逐步发展到作为二级处理的工艺。图 1-9 为曝气生物滤池的基本结构，它可以用于不同类型制浆造纸废水的二级处理和深度净化。其最大的特点是集生物氧化和截留悬浮固体于一体，节省了后续二次沉淀池，在保证处理效果的前提下使处理工艺简化。目前常用的曝气生物滤池结构有多种形式。根据污水在滤池中过滤方向的不同，曝气生物滤池可分为上向流式滤池和下向流式滤池。除污水在滤池中的流向不同外，上向流滤池和下向流滤池的池型结构基本相同。

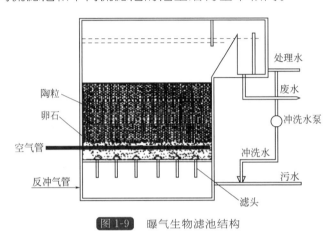

图 1-9 曝气生物滤池结构

曝气生物滤池集曝气、高滤速、截留悬浮物、定期反冲洗等特点于一体。其工艺原理为，在滤池中装填一定量粒径较小的颗粒状滤料，滤料表面生长着生物膜，滤池内部曝气，污水流经滤料时利用滤料上高浓度生物膜的强氧化降解能力对污水进行快速净化，此为生物氧化降解过程；同时，因污水流经时滤料呈压实状态，利用滤料粒径较小的特点及生物膜的生物絮凝作用，截留污水中的大量悬浮物，并且保证脱落的生物膜不会随水漂出，此为截留作用；运行一定时间后，因水头损失的增加，需对滤池进行反冲洗，以释放截留的悬浮物并更新生物膜，此为反冲洗过程。

4）膜生物反应器（MBR）　膜生物反应器（membrane bio-reactor，MBR）是将生物降解作用与膜的高效分离技术结合而成的一种新型高效的污水处理与回用工艺。MBR 工艺一般由膜分离组件和生物反应器两部分组成。根据膜组件的设置位置不同，分为分置式和一体式两大类，其工艺组成如图 1-10 所示。

膜生物反应器是利用膜组件进行固液分离，将截流的污泥回流至生物反应器中，透过水外排。膜组件是 MBR 中最主要的部分，它是把膜以某种形式组装成一个基本单元，相当于传统生物处理系统中的二沉池。在膜组件中，活性微生物与污水充分接触，不断氧化污水中的那部分能被其降解的有机物，而不能被微生物降解的有机物和无机物及活性污泥、悬浮物、各类胶体、大部分细菌则被截留，从而实现对污水处理净化的目的。

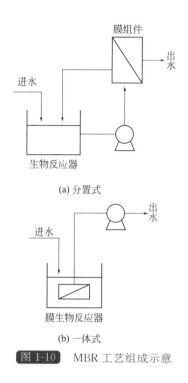

(a) 分置式

(b) 一体式

图 1-10　MBR 工艺组成示意

1.4.2　造纸废水处理污泥

1.4.2.1　造纸污泥的来源

造纸污泥是制浆造纸废水处理的副产物，每生产 1t 纸就产生含水量 80% 的污泥约 1200kg，污泥产生量是同等规模市政污水处理厂的 5～10 倍，且成分复杂，含水量高，处理的难度大，处置费用约占造纸废水处理费用的 50% 以上，污泥处置已成为困扰造纸企业经营的难题。在制浆造纸过程中大部分原料纤维被用来生产纸产品，剩余的生物有机质大部分则转移到废水中，所以造纸污泥生物质含量丰富，有机物含量 50%～65%，主要含有纤维素、半纤维素和木质素等高分子有机物以及填料、凝聚剂等，如何将造纸污泥进行生物质资源化利用具有重要的现实意义。

由于造纸污泥产生于废水处理不同的处理阶段，例如物理处理段、生物处理段、化学处理段等，所以所产生的污泥量和污泥类型也不相同。

按来源可分为：初沉污泥，来自初沉池；剩余污泥，来自活性污泥法后的二沉池；腐质污泥，来自生物膜法后的二沉池；熟污泥，生污泥经消化后的污泥，又称消化污泥；化学污泥，用化学沉淀法产生的污泥，又称化学泥渣。

按处理过程分：废水经过一级处理产生的污泥称为一次污泥；废水经过二级生化处理产生的活性污泥称为二次污泥，又称为剩余污泥；经过三级深度处理产生的污泥则主要是化学污泥。上述某几种污泥的混合物称为混合污泥[12]。

一次污泥包括水处理过程中脱除的碳酸盐（$CaCO_3$）、废水处理中初沉物（纤维和填料）、废纸制浆过程中产生的细小渣子（包括纤维、浮选污泥、筛选净化废渣），一次污泥的体积在很大程度上与所生产的浆纸产品有关。造纸先进国家一级污泥总量约为纸浆总产量的 2%。具体如下所列：

① 机械浆，10～20kg/t 浆（包括树皮污泥）；

② 硫酸盐浆，20～25kg/t 浆；

③ 半化学浆，25～30kg/t 浆；

④ 纸和纸板生产，5～10kg/t 浆。

二次污泥通常称为生物污泥，生物污泥量根据所用的处理方法为每吨浆 10～20kg，或每除去 1kg BOD 约产生 0.2～1.2kg 的污泥[5]。

1.4.2.2 造纸污泥的特征

（1）造纸污泥的水分特性

造纸污泥的最主要成分就是水分，含水率高达 80% 左右，采用普通的机械脱水方法（带式压滤、板框压滤、离心分离等）难以进一步降低污泥含水率。大量的研究发现，污泥脱水的程度由污泥中水的分布特征决定。污泥中的水按其存在形式可分为间隙水、毛细管水、吸附水和细胞水 4 种（见图 1-11），存在于污泥之间的水为间隙水，约占污泥水分的 70%，一般用浓缩法除去。在污泥颗粒间形成一些小的毛细管，有裂纹形和楔形两种，其中充满水，分别称为裂纹毛细管水和楔形毛细管水。毛细管水约占污泥水分的 20%。吸附在污泥表面的水称为吸附水，存在于污泥颗粒内部或微生物细胞内的水称为内部水，约占污泥水分的 3%[3]。

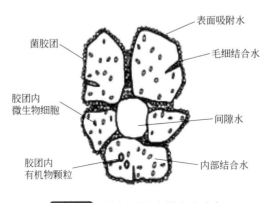

图 1-11 造纸污泥中的水分分布

造纸污泥中的大量水分，使得污泥的体积增大，从而给后续的运输和处理处置带来很大的困难。降低造纸污泥的含水率可以极大地减小污泥的体积。污泥含水率降低的同时也可以降低污泥处理及最终处置的费用。

（2）造纸污泥的理化性质

造纸污泥由无机物和有机物组成，无机物主要来自制浆造纸过程所使用的化学品；有机物主要是纤维素、半纤维素以及木质素等。刘贤淼等[13]对竹浆造纸污泥的理化特性进行了测试和分析，发现造纸干污泥有机物含量为 85.6%，灰分含量为

14.4%，pH值为6.8，干污泥纤维含量为69.0%。造纸污泥有机物含量较大，有机物中主要成分是粗纤维，造纸污泥中大部分的纤维都很短，大部分纤维（约66%）的长度在0.20mm以下。

表1-8为造纸污泥中元素含量的分析。从表1-8可以看出，污泥灰分的C和H元素的比例较大，主要来自污泥中纤维素的分解。N元素含量为2.00%，而蛋白质中的N含量一般认为是16%，通过换算可以认为干污泥中蛋白质含量约为12.5%，因此造纸污泥中的蛋白质含量远低于城市干污泥中的蛋白质含量（约22%）。

表1-8 造纸污泥中不同元素的含量　　　　　　　　　　　　　　单位：%

样品	C	H	N
样品1	34.96	5.42	2.06
样品2	35.02	5.37	1.94
平均	34.99	5.40	2.00

造纸污泥金属离子含量见表1-9，由表可知，污泥中含有多种金属元素，其中，Ca和Al的离子含量分别高达297000μg/g和12000μg/g，两者主要来源于造纸过程的填料。

表1-9 造纸污泥中金属离子的含量　　　　　　　　　　　　　　单位：μg/g

Al	Ba	Ca	Cu	Fe	K	Li	Mg	Cr
12000	2100	297000	130	720	1910	54	6500	36
Mn	Na	Ni	P	Pb	Si	Sr	Zn	—
1300	4500	13	900	70	2800	550	450	—

注：表中各元素均表示其相应元素的离子。

参 考 文 献

[1] 王忠厚. 制浆造纸工艺[M]. 北京：中国轻工业出版社，2009.

[2] 李文龙. 木材备料方案的选择[J]. 中国造纸，2005，24(6)：32～34.

[3] 刘秉钺，高扬等. 造纸工业污染控制与环境保护[M]. 北京：中国轻工业出版社，2000.

[4] 张金顶. 麦草制浆的干湿法备料[J]. 天津轻工业学院学报，2001(2)：50～52.

[5] 曹邦威. 制浆造纸工业的环境治理[M]. 北京：中国轻工业出版社，2008.

[6] 汪萍，宋云. 造纸工业节能减排技术指南[M]. 北京：化学工业出版社，2010.

[7] 刘润芝，陈廷刚. 化学浆的筛渣处理[J]. 纸和造纸，1994(1)：14～15.

[8] 刘长恩，岳金权. 挤压法处理木浆厂筛渣[J]. 中国造纸，2001(6)：26～29.

[9] 王圆圆. 脱墨污泥热解工艺研究[D]. 济南：齐鲁工业大学，2015.

[10] 李恒. 废纸脱墨污泥蚯蚓生物处理及其用于土壤修复[D]. 无锡：江南大学，2014.

[11] 汪萍，宋云等. 造纸工业"三废"资源综合利用技术[M]. 北京：化学工业出版社，2015.

[12] 丛高鹏，施英乔. 造纸污泥生物质资源化利用[J]. 生物质化学工程，2011，45(5)：37～45.

[13] 刘贤森，费本华等. 竹浆造纸污泥的特性及资源化利用[J]. 中国造纸学报，2009，24(4)：67～70.

第2章

备料过程废渣综合利用技术

2.1 推荐树皮锅炉回收热能技术

2.1.1 树皮的燃烧特性

我国是一个造纸大国，随着科技及社会的进步，需要更多更好的纸及纸板，造纸用木材的比例逐年大幅的提高。随着造纸工业纤维原料中木材比例的增加，造纸废料，主要包括树皮及锯末的数量亦大量增加。以国内某造纸厂为例，采用芬兰引进的木材处理设备，木片的得率为 $90\% \sim 92\%$，树皮、锯末等废料约 5%。按 1t 纸 $4m^3$ 木材计，如果满负荷生产，年产 26 万吨机制纸，大约需 104 万立方米木材，树皮、锯末等废料大约 6 万立方米。堆存和处理这些造纸废料给综合性的制浆造纸企业带来了负担。虽然有一些处理方法，比如用锯末加工板材、木炭等，但可处理量有限。如果将这些木材废料转化为热能，则既能从根本上解决问题，而且将转化的能量折合成标准煤的价格后其经济性相当可观。

对于木材一类的生物质燃料，可燃部分主要是纤维素、半纤维素、木素。燃烧时，纤维素和半纤维素首先释放出挥发分物质，木素转变为木炭，其燃烧过程分为 4 个阶段，即生物质的脱水、生物质热解和挥发物的燃烧、挥发物的燃烧与固定碳的表面燃烧并存、固定碳的表面燃烧。

对于锯末这样的毫米尺寸生物质燃料在炉膛内燃烧速率的研究表明，燃烧过程中，挥发分的燃烧与焦炭的燃烧明显不同。挥发物析出时，粒子质量迅速减少，粒子被扩散火焰包围，木材中的水分强烈抑制了挥发分析出时的燃烧速率，单位质量粒子的燃烧速率随粒子尺寸减小而直线增加。

树皮是一种高水分、高挥发分、低灰、低氮、低硫的燃料，树皮挥发分析出是在较低的温度区域、极短的时间内连续完成的，树皮的着火温度低，燃烧过程存在着明显的挥发分析出区和固定碳燃烧区。一旦挥发分析出，颗粒周围就形成一个有包覆作用的气膜，气膜抑制了氧的扩散，只有当挥发分基本燃尽后固定碳才能燃烧。因此，树皮的燃烧阶段主要是挥发分的空间燃烧，固定碳的燃烧只占燃料放热的一小部分[1]。

表 2-1 为树皮及各类木质碎屑的燃烧特性分析。综合分析得知，在可燃烧干度为 65% 的树皮和木屑，其平均发热量约为 2800kcal/kg（1kcal/kg＝4185J/kg），折成热值 7000kcal/kg 标准煤，则 1kg 树皮与木屑的发热量与 0.4kg 标准煤热值相当，具有非常高的利用价值[2]。

表 2-1 树皮及各类木质碎屑的燃烧特性

测试对象	水分含量/%	氧弹发热量/(cal/g)
风干桉木板皮	10.37	4296
湿桉木板皮	29.66	3509
风干桉树皮	9.69	4654
风干桉木糠	10.12	4394
板皮筛屑（粗屑）	34.47	3231
板皮筛屑（细屑）	35.39	3001
湿竹屑	46.95	2774
太阳晒后竹屑	31.05	3493

在美国和日本，用树皮等生物质生产热能主要有两种方法：一是燃烧产生热能；二是经过热解、气化得到供热用的油气体和木炭等燃料。美国的木材加工企业有 73% 的热能来自木材废料，主要用作锅炉燃料。目前美国有 100% 全部燃烧木质废料的锅炉。美国约有 1000 个燃木电厂在运行，总装机容量 6500MW，年发电 42 亿千瓦·时。奥地利、瑞典等国则重视采用生物质供热，到目前为止，采用生物质供热的比例达到 25%[3]。

2.1.2 循环式流化床树皮锅炉

树皮等木质废料的燃烧采用两种方式：层状燃烧和沸腾燃烧。层状燃烧的炉排结构复杂，而且对于大型造纸及木材加工企业，单台锅炉负荷的发展受到限制。沸腾燃烧是一种发展方向。木材是一种高水分、高挥发分、低灰分的燃料，在沸腾层中燃烧能充分混合，并与热空气充分接触。一方面有利于木材废料的干燥；另一方面，沸腾床的悬浮室有利于挥发物的燃烧和燃尽。

目前，国际上广泛采用流化床技术利用生物质能。由于生物质燃料含灰量少，燃烧后难以形成稳定的床层，部分生物质因其特定的形状难以流化，这就需要在流化床中加入合适的媒体以改善流化质量。同时，这些媒体用以形成稳定的床层，为高水分、低热值的生物质燃料提供优越的着火条件。媒体的选用应考虑如下几个因素：具有与所燃烧的生物质燃料相配合的流化性能；热物性宜于流化床燃烧使用，物理特性包括耐磨性、硬度、密度等，这些物理特性应适应炉体的需要；价格低廉，无毒无味，易于获得。按以上要求，河砂、石英砂、大理石颗粒等，是合理的流化媒体[1]。

现今，制浆造纸厂的木材废料普遍应用于热电厂发电。经过在蒸汽锅炉的燃烧，木材废料中的化学能被释放出来，随着释放化学能，蒸汽锅炉产生带有压力和热量的蒸汽送给汽轮机，当蒸汽经过汽轮机后，它的压力和温度会降低，并且释放出的能量转变为汽轮机的机械旋转能量。汽轮机的轴连接着发电机的轴，带动发电机的轴旋转，机械旋转能转换为电能。出于加热的目的，部分蒸汽被从汽轮机抽出或是作为乏汽从汽轮机的排气中带走，送到造纸流程中的各个热用户处。因为制浆造纸各工序主要需要蒸汽锅炉提供较低压力参数的蒸汽，所以热电联产生产的电作为副产品是廉价的。在热用户处，蒸汽靠凝结作用释放它的潜能到各个工序。一般来说，大部分蒸汽作为凝结水被带回电厂。凝结水又被泵入锅炉中作为锅炉的给水。图 2-1 显示了燃烧废木料的热电联产的流程[4]。

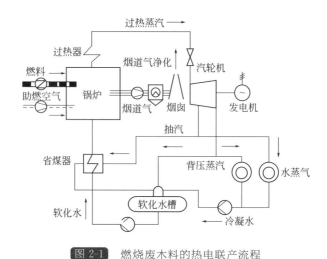

图 2-1 燃烧废木料的热电联产流程

2.1.2.1 流化床燃烧的原理[4]

近几十年，流化床反应器已经用在不可燃物质的化学反应上，反应器的完全混合和紧密接触不仅提高了产量而且带来了良好的经济效益。在 20 世纪 70 年代燃烧固体燃料的流化床技术被应用于商业，自从那时开始，流化床式燃烧变成一种广泛被人接受的燃烧技术。流化床技术很适合那些含水量高或灰分高的低级燃料的燃烧。这些燃料用其他的燃烧技术是很难正常燃烧的。流化床式燃烧的优点是可以同时使用不同成分的燃料，靠喷射石灰石到炉膛除硫，这是一个简单且便宜的方法，达到高燃烧效率和低 NO_2 污染。

流化床技术的一个要求，就是良好的固体燃料要通过与气体或液体接触转变成沸腾状态。在流化床锅炉中，沸腾是通过位于固定床材料上的一个空气分配器吹入空气形成的。图 2-2 显示流化床的工作原理。它用实例说明了砂粒床的工作状态：一种气体以不同的速度吹入，并且通过砂粒床后气体的压力会下降。对于一个安装好的固定床，气体压力下降与速度的平方成正比。随着气体速度的增加，固定床逐渐变成沸腾状态。发生这种转变的气体速度称为沸腾速度的最小值 v_{mf}。沸腾速度的最小值取决于许多因素，包括颗粒直径、气体和颗粒的密度、颗粒形状、气体黏度和流化床真实容积含气量等。

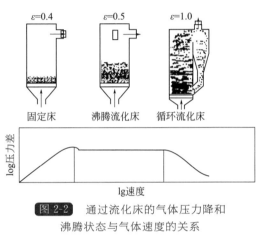

图 2-2　通过流化床的气体压力降和
沸腾状态与气体速度的关系

下面的公式可以计算沸腾速度的最小值。

$$v_{mf} = -\frac{\mu_g}{d_p \rho_g}\left[\sqrt{33.7^2 + 0.0408 \times \frac{d_p^3 \rho_g (\rho_p - \rho_g) g}{\mu_g^2}} - 33.7\right]$$

式中　μ_g——动力黏度；

　　　d_p——颗粒直径；

　　　ρ_g——气体密度；

　　　ρ_p——颗粒密度；

　　　g——重力加速度。

按上面的速度 v_{mf} 时，通过床的压力降仍然是持续的，并且每单位面积的固体的重量与克服重力的粒子的阻力相等。下面的等式显示压力降。

$$\Delta p = (\rho_p - \rho_g)(1 - \varepsilon)gH$$

式中　ρ_g——气体密度；

　　　ρ_p——颗粒密度；

　　　g——重力加速度；

　　　ε——床的空体积比率；

　　　H——床层高度。

当流态化速度高于沸腾速度的最小值时，使床流态化的过量气体以沸腾的方式通过床。这个系统是一个沸腾床，并且用在这个系统上的锅炉也是沸腾式流化床锅炉（BFB）。BFB 有适当的固体混合比率和低的烟气带走固体率，当固定床结束并且表面开始流态化时，沸腾床有一个清晰、可见的水平表面。

随着流态化速度的增加，流化床表面变得更散乱且固体带走量不断增多，清晰可见的床表面不再存在。将带走的固体物质返回床的循环对于维护床的流态化是十分必要的，带有这些特性的流化床称作循环流化床，用在这个系统中的锅炉是循环流化床锅炉（CFB）。

流化床锅炉技术的一个最显著优点就是气体和换热面有着良好的热交换。图 2-3 解释了这个问题，当气体速度超过沸腾速度的最小值 v_{mf} 时，传热系数 α 快速上升。对这种情况的解释就是当床开始沸腾时，由于混合得良好，热床物质不间断地与换热面接触，热床物质将热量释放到换热面上，并且在有新的热颗粒进入之后立即与床混合，与表面接触。

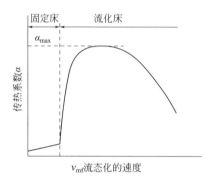

图 2-3　流化床与换热面间的传热系数

2.1.2.2　循环式流化床（CFB）锅炉

CFB 燃烧过程的主要特点是流态化的速度增加了，并超过了沸腾体系，而且床的大部分物质随着气流被携带走。被带出的物质需要收集在固体分离器，以便返回处于低位的炉膛，以保持床内的物质。

当气体速度高于带走速度，在炉膛上部的固体浓度就会增加。一些夹带走的固体形成局部的高浓或高浓集团，它们在炉膛内分解、再形成，并且上下窜动。集团的形成引起炉膛内大范围的固体循环。由于有固体分离器的外部循环，CFB 过程导致良好的混合和气固的接触。在整个炉体中，由于存在高固体载荷，所以气体和固体的温度分布遍及炉膛和固体分离器。CFB 锅炉中良好的混合和均衡的温度会提高燃烧效率，如果需要捕集硫和降低 NO_2 的污染，使用石灰石是有效的。高的固体载荷和热能力保证能够稳定燃烧含水分多的燃料，诸如树皮、废木材和污泥。另外，CFB 工艺过程设计能很容易地燃烧燃料。表 2-2 表明 CFB 锅炉典型的操作参数。

表 2-2　CFB 锅炉典型的操作参数

体积热载荷 /(MW/m³)	横断面热载荷 /(MW/m²)	总的压力降 /kPa	沸腾速度 /(m/s)	床底物粒径 /mm	一、二次风温 /℃	床及旋风温度 /℃	床的密度 /(t/m³)	过量空气系数	回收率 /%
0.1~0.3	0.7~5	10~15	3~10	0.1~0.5	20~400	850~950	0.01~0.1	1.1~1.3	10~100

注：飞灰粒子直径<$100\mu m$，底灰粒子直径为 0.5~10mm，单个粒子直径会超过 100mm。

图 2-4 显示的是循环式流化床锅炉的工艺流程图。CFB 锅炉的主要组成部分是炉膛和分离固体的典型旋风分离器。固体分离器捕集被带走的床底物质、吸着剂和未燃的颗粒，通过非机械阀门或环状密封，将它们返回到炉膛中更低的部位。旋风分离之后，烟气通过对流管束、蒸汽过热器、省煤器和空气预热器。

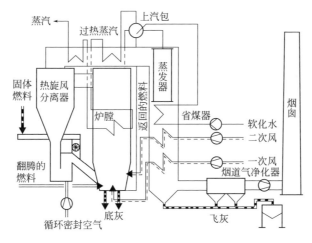

图 2-4　循环式流化床（CFB）锅炉的工艺流程

CFB 炉壁（膜式水冷壁）由焊接在一起的管组成。炉壁管是水冷的，这个意思就是管内的水被加热蒸发，在炉膛较低部位的管外有一层耐火保护衬层，高度距离格栅至少是 2~3m，当燃烧高水分燃料时，耐火层对于保护管子免受侵蚀和维持充足的床温是十分必要的。对于给定燃料和规定蒸汽输出参数的 CFB 锅炉，其炉膛的尺寸要取决于以下几个方面：

① 气体速度；

② 燃料燃烧的最短时间；

③ 炉膛的热交换[4]。

CFB 锅炉具有以下技术特点[5]。

1）锅炉炉膛低温燃烧　由于生物质灰熔点普遍较低，炉膛采用 750~850℃ 燃烧温度（根据燃料灰熔点确定）能有效抑制碱金属的结渣、腐蚀的概率。

2）对燃料的适应好　这不但表现在对于不同品种、不同品质的生物质燃料均能在 CFB 锅炉中顺利实现着火燃烧，在燃烧条件发生剧烈变化特别是水分变化和粒度变化的情况下，对未燃尽物质的再循环燃烧可以确保始终维持较高的燃烧效率。

3）CFB 锅炉气相污染物排放远远低于国家标准排放限值　生物质燃料含硫量极低，且灰成分中的 CaO、K_2O 等碱性物质可与硫进行脱硫反应，从而使进入烟气的 SO_2 的浓度远低于国家标准排放限值。NO_2 排放低的原因如下。

① 低温燃烧，此时空气中的氮一般不会生成 NO_2，当温度低于 1500℃时，热力型 NO_x 和快速型 NO_x 的生成可以忽略。

② 分段燃烧，抑制燃料中的氮转化为 NO_2，并使部分已生成的 NO_2 得以还原成 N_2。

4）尾部受热面（省煤器、空预器等）管组一般采用顺列布置　横向节距普遍比燃煤锅炉的节距大。其主要目的是防止飞灰搭桥。

5）负荷调节性好　当负荷变化时，需调节给料量、空气量和物料循环量，负荷调节范围可低至 30%以下。此外，由于截面风速高，吸热控制容易，循环流化床锅炉的负荷调节速率也很快。

6）燃烧效率高　循环流化床锅炉燃烧效率高是因为下述特点：气、固混合良好，燃烧速率高，特别是对水分含量大的燃料，绝大部分未燃尽的燃料被再循环至炉膛再燃烧，同时，循环流化床锅炉能在较宽的运行变化范围内保持较高的燃烧效率。

2.1.2.3　燃料对锅炉的影响

（1）燃料含水量的影响

剥下的树皮是湿的还是干的，取决于在剥皮圆筒中的喷水量，从圆筒中回收的树皮要经过磨碎和压榨，以适合燃烧。

一个正在生长的树的干物质大约占 40%～60%，如果木材是漂浮到工厂，干物质的量会降到 17%～28%。湿法剥皮和洗涤过的树皮中的干物质成分是 20%～35%，具体数值也与树的种类有关，加压能增加到 35%～50%。不同干度的树皮，其低位发热量是不同的，如表 2-3 所列。提高树皮的干度，就可以提高其低位发热量，所以在进入锅炉燃烧前，应尽可能对树皮进行干燥。

表 2-3　树皮干度对低位发热量的影响

干度/%	80	70	60	50	40	30	20
低位发热量/(MJ/kg 干固体)	16～20	14～18	12～15	8～10	6～8	4～6	2～4

图 2-5 示出燃烧树皮、锯屑、废木料及泥煤的流程。该流程把树皮等燃料先经锅炉废气干燥后再送去燃烧。这个流程的优点是干燥能耗低，没有爆炸危险，没有存放干树皮引起自燃的危险，而且容易操作，开停机简便[4]。

（2）燃料含灰量的影响

循环流化床需要大量的床料颗粒在循环回路中循环，使炉膛的热量分布更均匀，传热更快，燃烧更充分，因此，燃料的含灰量对循环流化床锅炉设计和运行非常重要。含灰量的变化对生物质循环流化床锅炉的影响主要体现在以下几个方面[6]。

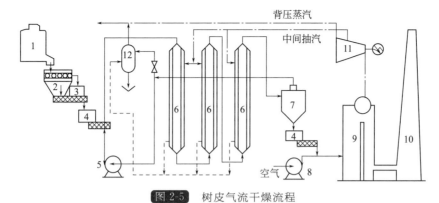

图 2-5 树皮气流干燥流程

1—贮仓；2—筛；3—磨；4—回转阀；5—干燥风机；6—干燥器；7—旋风分离器；
8—锅炉风机；9—锅炉；10—烟囱；11—汽轮机；12—再蒸发器

① 炉膛的灰浓度对循环流化床锅炉的负荷和炉膛床温的均匀性影响较大。在燃烧树皮、木屑等灰量较少的生物质时，一般在运行中需添加床料，而燃烧灰量较大的生物质时，则需放灰。

② 生物质锅炉床层的高度受燃料的含灰量影响非常大，床层的过高、过低都会影响流化质量，引起结焦。

③ 燃料灰分和杂质影响尾部飞灰的浓度。

2.1.3 树皮锅炉节能技术

2.1.3.1 锅炉除垢

溶解在水中的一部分盐类——主要为钙、镁盐类，随着锅炉内水的蒸发汽化，浓度增加，逐渐析出，附着在受热面的内壁上，形成水垢。水垢大都是多种化合物的混合体，成分很复杂，一般可分为硅酸盐水垢、硫酸盐水垢和碳酸盐水垢。不同水垢的硬度和热导率不一样。硅酸盐水垢最坚硬，难于清除，硫酸盐水垢次之，碳酸盐水垢较松软。其热导率与钢材相比，列于表 2-4 中[4]。

表 2-4 不同材料的热导率　　　　　　　　　　　　　　　单位：kJ/(m·h·℃)

材料名称	一般合金钢	碳素钢	碳酸盐水垢	硫酸盐水垢	硅酸盐水垢
热导率(λ)	62.7～125.4	167.2～188.1	0.836～2.09	2.09～8.36	0.293～8.36

锅炉结垢以后，使传热恶化，迫使受热面金属壁温度急剧上升，钢材强度下降，易使受热面金属变形烧坏。由于受热面管子结垢，水循环阻力增加，特别当管子结垢严重时，破坏水循环的稳定性，甚至导致爆管等事故。金属壁结垢的另一后果是使热阻增加，传热恶化，热导率急速下降，烟气的热量不能有效地被水吸收，造成排烟温度升高，热损失增大，燃料浪费。理论与实践都证明，水垢厚度与燃料的浪费成正比，如生成 1.5mm 厚的水垢，燃料浪费 5%；生成 5mm 厚的水垢，燃料浪

费 15%。

衡量锅炉用水并与结垢有关的两个指标是水的硬度和碱度。硬度是指溶解于水中导致锅炉结垢的钙、镁盐类的含量。存在于水中的钙镁盐类可分为两种形式：一种是碳酸盐，包括 $Ca(HCO_3)_2$、$Mg(HCO_3)_2$，水煮沸后生成 $CaCO_3$、$Mg(OH)_2$ 沉淀析出，故这些碳酸盐硬度称为暂硬；另一种是非碳酸盐类，指氯化物、硫酸盐、硅酸盐等盐类，虽经煮沸也不能去除，故称这些非碳酸盐硬度为永硬。

水的碱度是指水中的 OH^-、CO_3^{2-}、HCO_3^- 以及 PO_4^{3-} 等离子的总和。当碱度大于硬度时，称为负硬度。天然水中的硬度与碱度的关系见表 2-5。

表 2-5 天然水中硬度与碱度的关系

项目	永硬	暂硬	负硬
总硬度＞总碱度	总硬度－总碱度	总碱度	0
总硬度＝总碱度	0	总硬度＝总碱度	0
总硬度＜总碱度	0	总硬度	总碱度－总硬度

当总硬度＝总碱度时，即 $[Ca^{2+}]+[Mg^{2+}]=[HCO_3^-]$，无多余的 Ca^{2+}、Mg^{2+} 与 HCO_3^-。

当总硬度＜总碱度时，即 $[Ca^{2+}]+[Mg^{2+}]<[HCO_3^-]$，有多余的 HCO_3^-，所以

$$负硬度＝总碱度－总硬度$$

当总硬度＞总碱度时，即 $[Ca^{2+}]+[Mg^{2+}]>[HCO_3^-]$，有多余的 Ca^{2+}、Mg^{2+}，所以

$$永硬度＝总硬度－总碱度$$

为了减缓水垢的生成，需要对水进行软化处理。软化处理主要采用化学方法，采用锅内加药、石灰软化和离子交换 3 种方式。

锅内加药是在锅水中加入某些防垢剂，使锅炉给水中的 Ca^{2+}、Mg^{2+} 等不在受热面结硬垢，而是形成松软的沉渣，通过排污去除，防垢剂主要包括有 Na_3PO_4、Na_2CO_3、$NaOH$ 及有机胶（栲胶）等。有机胶的主要成分是单宁，其作用是不使水垢吸附在受热面上，而前者是使锅水保持一定的 Ca^{2+} 和 PO_4^{3-} 浓度，从而阻止形成 $CaSO_4$、$MgSO_4$ 等硬垢。

石灰软化处理是把溶于水中的钙、镁盐类转变成难溶于水的化合物沉淀下来而加以去除。一般都采取锅外处理。

离子交换法是目前常用的软化锅炉用水的方法，在给水进入锅炉以前，通过离子交换树脂，把有可能生成结垢的 Ca^{2+}、Mg^{2+} 被 Na^+ 交换，从而使给水得到软化。无论采取什么措施，都难免在锅炉的受热面结垢。一旦生成水垢，需进行除垢处理。除垢的方法主要有化学处理和机械处理，以化学处理居多。

当水垢的成分以碳酸盐或硫酸盐为主时，可采用盐酸处理比较有效。盐酸浓度取 6%～7%，温度 (55＋5)℃，加缓蚀剂若丁（二邻甲苯硫脲）、乌洛托品（六亚甲基

四胺）等0.8%～1.2%。酸煮不超过12h，煮后用大量水进行清洗，加入1%磷酸盐溶液，循环1h进行钝化处理。

当水垢主要成分为硅酸盐时，加入磷酸盐溶液煮锅效果较好。磷酸盐加入量为每吨锅水加入纯度95%～98%的工业磷酸三钠10～12kg，纯度98%的工业NaOH 2～3kg。在锅内煮沸50～72h，隔一定时间排污1次。

还可采用KF-301除垢处理。KF-301为有机酸和无机酸的混合液，浅紫透明，相对密度为1.12～1.14，pH<1，除垢能力为每千克除垢剂可去除130～140kg水垢。可按表2-6所推荐的处理。

表 2-6　**KF-301除垢剂的使用资料**

水垢厚度/mm	1	2	3	4
1份除垢剂加水比例/份	7～8	5～6	4～5	3～4
温度/℃	50～60	50～60	50～60	50～60
水循环时间/h	8～10	14～16	20～24	24～28

对水垢厚度为1.5～2mm的锅炉，水垢清除后，可节煤6%～7%。对锅炉用水的软化与除垢，还可采用磁化处理。锅炉使用磁化水，可以改变煮沸后沉淀物的结晶性质，不附着在加热面上，从而通过排污排出炉外。磁化方法有内部磁化和外部磁化。内部磁化是在管内安装磁化器，锅炉上水先通过磁化器。外部磁化是在管外安装磁化器。外部磁化处理安装简便，不需停机，不需维修，寿命长。

有的锅炉使用管外强磁场处理锅炉给水后3个月未见结垢。但磁化处理并不是在任何情况下都很有效，在水质的总碱度大于总硬度的情况下，当炉水碱度>15mmol/L，硬度<0.2mmol/L时，使用磁化器效果明显。

当总硬度大于总碱度、永久硬度<1.5mmol/L时，有2种情况：

① 使用磁化器后，壁上可能有垢，棒敲可脱落；

② 管垢不易脱落，或脱落后又生成新垢。

在第二种情况下，需加碱处理，使永硬变为暂硬。加碱后磁化器作用明显。

在永久硬度>2mmol/L的情况下，不适用于磁化器。暂时硬度的大小，在使用磁化器时，影响不大，但硬度大，需增加排污次数。

强磁场管外处理，也可应用于蒸煮锅加热器，3个月后检查，管路仅有轻微结垢。

锅炉的除垢还应包括锅炉受热管外侧烟垢的清除，浙江某造纸厂使用烟垢清除剂后，锅炉受热管外侧烟垢清除1mm，可提高传热效率2%～3%，排烟温度从225℃降低到201℃，下降了24℃。

2.1.3.2　管道保温

蒸汽管道、热水管道及各种用热设备都会向周围的空气散失热量，为了安全的目的，必须对输汽、水管道保温。保温用绝热材料应符合以下要求：

① 热导率低、绝热性能好。热导率 $\lambda < 0.2$ kcal/(m·h·℃)。

② 管内介质达到最高温度时，性能仍较稳定，而且力学性能良好，一般抗压强度不低于 3kgf/cm²。

③ 当热介质温度大于 120℃时，保温材料不应含有有机物和可燃物。只有当介质温度在 80％以下时，保温材料内可含有有机物。

④ 保温材料要求吸湿性小，对管壁无腐蚀，易于制造成型，便于安装。符合上述要求的保温材料有膨胀珍珠岩、碱玻璃纤维、泡沫塑料、石棉和矿渣棉等。保温层的厚度一般按以下原则确定：a. 保证管道的热损失在规定值以下；b. 保温层表面温度不超过 55～60℃；c. 保温层的经济厚度应使保温层的费用及热损失折合为燃料费用之和最小。

为减少蒸汽管道的散热损失，应尽可能采用小的管径，并缩短输送距离，同时应使其压降较小。在输送蒸汽前将汽压降低到最低必需的数值。如压降较大，则应利用其做功。对于动力装置，应采用高温高压蒸汽；对于工艺用汽，应采用低压和小的过热度。对供热设备和管道进行良好的保温是重要的节能措施[7]。

2.1.3.3 树皮锅炉点火节能

某造纸厂的锅炉型号为 E75-3.9-440Ⅱ×KT，是前苏联制造的树皮与煤混合燃料锅炉，技术参数为：

① 额定蒸发量 75t/h（其中燃树皮产汽量 50t/h）；

② 过热蒸汽压力 3.9MPa；

③ 过热蒸汽温度 440℃；

④ 树皮耗量 25500kg/h；

⑤ 煤耗量 4000kg/h。

该炉采用流化床与煤粉复合燃烧方式，树皮在流化床中燃烧，以 $\phi0.5～1.5$mm 的砂子作为床料，采用水冷布风板（管径 $\phi57$mm、节距 100mm），风帽用 $\phi2$mm 的管子制作，上面开有 4 个 $\phi7$mm 小孔，风帽节距为 100mm，开孔率为 1.5％，炉膛截面尺寸 6000mm×5750mm，采用全焊膜式水冷壁（$\phi57$mm、节距 75mm），火床面积 34m²。

（1）树皮炉点火装置结构[8]

点火装置是在烟气室后壁连接两个水平配置的点火室，两个室用弹簧吊杆装在锅炉金属结构上。点火室是直径 1500mm 的圆筒壳体，在它的前端装有重油喷枪和点火器，壳体出口为锥形，通过直径 800mm 圆管与烟气室连接（见图 2-6），壳体内配置有火焰管，它是由圆筒和锥形带孔的筒体组成，孔的直径为 5mm，火焰管内部筒体是由耐热合金钢制成。

通过点火室壳体上的 $\phi700$mm 的管头一次风进入到壳体与火焰管之间的空间，通过火焰管的孔，空气形成单独的风，流入到管的内部，并通过油喷枪与燃料混合在火焰管内燃烧。燃烧的热烟气进入到锅炉烟气室中，通过床上风帽加热床料（砂子）。

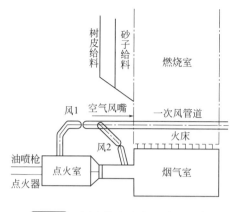

图 2-6　树皮炉点火装置结构示意

（2）树皮炉点火方法

准备规格 $\phi0.5\sim1.5mm$ 砂料，经砂仓下部的给料机及圆形管道输送到沸腾床上，其厚度 600mm；树皮仓贮料 $40m^3$，水分不大于 60%；重油、天然气点火系统备用（如没有天然气设施可备 80L 液化气灌 4 只），点火方式是：光电点火器→天然气→油喷枪。

点火后床温达 600℃时可通过炉膛前的两个窗口向沸腾床上投树皮废料，供料管道同树皮仓管道连接，在树皮仓出口管道上配有螺旋给料机，在投料口下部装有空气风嘴，使燃料稳定地脱离管道并均匀地分布在沸腾床面上。床上燃烧温度达 830℃，沸腾高度达 1.2m，流化速度 1.7m/s。燃烧稳定时可停止点火室的重油喷枪，一次风的供给可通过点火室旁侧风道供风（关风 1、开风 2）以减少空气阻力。

树皮水分含量高燃烧不稳定时可再投入点火室用重油喷枪助燃，燃烧正常时停止燃油；沸腾床上燃烧稳定后，可投入煤粉燃烧器向炉膛投入煤粉。

（3）冷炉点火热量的回收利用

为解决冷炉点火没有热空气的困难，在 1、2 级空气预热器入口处加装一组 0.5MPa 蒸汽加热器，这部分蒸汽压力均在 0.5MPa，温度 150℃以上。使加热器出口风温再达 60℃，比正常风温增加 30℃。当锅炉蒸汽压力温度达到生产用户要求时，则停止向蒸汽加热器供汽，此时，锅炉汽包两侧的连续排污系统投入运行，仍向加热器供汽。锅炉连续排污的目的是为了保持蒸汽品质达标，防止炉水含盐量的增加使过热器管产生结垢现象，须不间断地排出汽包内蒸发面上的悬浮物（盐分），同时带出部分 0.5MPa 的水蒸气进入连续排污扩容器，经汽水分离，蒸汽进入到蒸汽加热器，加热空气，水进入到热交换器加热给水。热量回收过程如图 2-7 所示。

2.1.3.4 空气预热器回收烟气余热

空气预热器是管式换热器，其节能方式是利用锅炉燃烧后向空气中排放的高温烟气，空气预热器回收了高温烟气中的大量热能使其管内介质温度上升到一定温度，从而不需要消耗大量燃料就能使其空气预热器装置内介质达到一定温度。树皮锅炉烟气、空气系统流程如图 2-8 所示[9]。

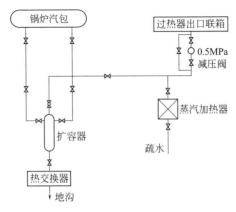

图 2-7　热量回收示意

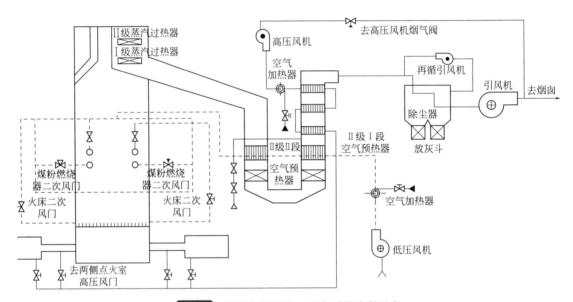

图 2-8　树皮锅炉烟气、空气系统流程示意

2.1.3.5　热管省煤器余热回收

（1）热管工作原理及特性

热管是一种充填了适量工作介质的真空密封容器，是一种高效传热元件。其工作原理如图 2-9 所示，当热量传入热管的蒸发段时，工作介质吸热蒸发流向冷凝段，在那里介质蒸汽被冷却，释放出汽化潜热，冷凝变成液体，然后在多孔吸液芯的毛细力或重力的作用下返回蒸发段。如此反复循环，通过工质的相变和传质实现热量的高效传递[10]。

热管具有以下特性。

1）热导率高　一根管状铜-水热管，在 150℃ 下运行时其热导率为铜棒的几百倍。

2）等温性能好　热管表面的温度梯度很小，当热流密度低时可得到高度等温的表面，通常温差只有 1～2℃。

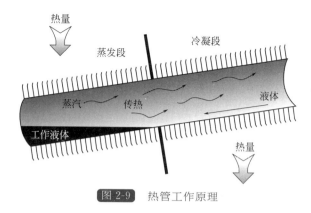

图 2-9 热管工作原理

3）热流密度可变 热管的蒸发与冷凝空间是分开的，易实现热流密度的变换，其变换比例范围很大。

4）具有恒温特性 充惰性气体的热管可在输入热量变化时改变热管冷凝的散热面积，从而使加热端热源温度维持恒定。

5）安全可靠性好 热管无运动部件，无需维修、安全可靠、使用寿命长。

（2）热管省煤器

热管省煤器又称锅炉给水预热器或锅炉烟气热回收器，是由若干热管元件组成的一种高效气-水换热设备。它通过热管将锅炉烟气的热量传递给锅炉给水或生活用水，从而达到降低排烟温度，提高水温，节省燃料的目的。

热管省煤器具有传热率高、阻力小、冷热侧面积可调、结构紧凑、无交叉污染、工作可靠、运行维护费用少等优点，适用于各类锅炉，尤其适用于不带引风机的燃油、燃气锅炉。配置热管省煤器后可使锅炉排烟温度降低 $60\sim160℃$，给水温度提高 $20\sim50℃$，锅炉效率提高 $3\%\sim8\%$。

传统的铸铁式或钢管式省煤器用于锅炉烟气余热回收存在以下缺陷。

1）传热强度低 因为是一种水在管内流动、烟气在管外流动的常规传热方式，换热系数不高，传热强度较低。

2）容易腐蚀 由于省煤器水侧进口处管壁温度常常低于露点，容易产生酸腐蚀，使省煤器遭到损坏。

3）体积庞大 设备结构不紧凑，金属消耗多，烟侧阻力较大，引风机的电耗增加，完全不能用于不带引风机的燃油、燃气锅炉。

4）使用寿命短 省煤器内部某一处因腐蚀损坏，则造成气-水相通，必须停炉，而且修复很困难。

如采用热管省煤器代替传统换热器，上述缺陷均可得到解决，既可获得很高的传热强度，缩小换热器的体积和重量，降低烟侧阻力，解决金属结构的低温腐蚀问题，又能在局部热管损坏时仍不影响整台换热器的使用，保证锅炉的正常运行。

热管省煤器与铸铁省煤器二者在以下方面差异较大。

① 传热系数。热管省煤器为铸铁省煤器的 7.45 倍，$K_{热管}：K_{铸铁}=145.3：19.5=7.45：1$。

② 最低壁温。热管省煤器为 135℃，而铸铁省煤器只有 35℃，相差 100℃。

③ 烟侧压降。热管省煤器为 38Pa，铸铁省煤器为 98Pa。

④ 单位体积的传热面积。热管省煤器为铸铁省煤器的 2.96 倍。

⑤ 热管省煤器的总体积为铸铁省煤器的 1/3。

⑥ 热管省煤器的总重量不到铸铁省煤器的 1/2。

综上所述，热管省煤器无论在技术先进性还是在工作可靠性、使用寿命等方面都明显优于传统的铸铁省煤器。

2.2　非木材原料备料废渣回收热能技术

我国作为制浆造纸大国，由于木材纤维一直比较匮乏，所以非木纤维一直是我国造纸纤维的主要来源之一，虽然这几年木浆产量一直在增加，但就 2015 年的纸浆产量看，非木浆仍占我国自产浆的 41.3%（不包括废纸浆）以上。而非木浆在备料过程中会产生大量的草叶等固体废物。

我国非木纤维原料主要包括麦草、竹、荻苇、蔗渣等，在制浆生产中主要利用的是各类植物的茎，所以在备料工序会产生许多叶、节、穗等固体废物，这些固体废物也可以当作燃料在废料锅炉里燃烧。

2.2.1　处理荻苇原料的锅炉[4]

以荻苇为原料的造纸厂，在备料时的除尘损失量约为 10%。生产 1t 苇浆约需 2.2t 原苇，对于日产 200t 浆的造纸厂，每天可产生 44t 苇屑。苇屑的密度小，约为 46kg/m³，低位发热量为 11.227MJ/kg。可采用如图 2-10 所示流程燃烧苇屑。

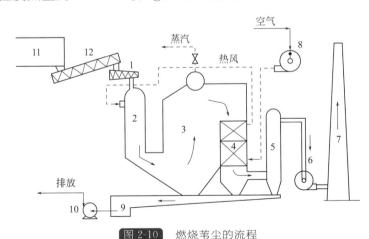

图 2-10　燃烧苇尘的流程

1—螺旋压缩机；2—旋风燃烧炉；3—完全燃烧室；4—空气预热器；5—水膜除尘器；6—引风机；
7—烟囱；8—鼓风机；9—苇屑灰烬槽；10—灰浆泵；11—苇屑贮仓；12—运输皮带

苇屑燃烧炉可采用立式切向旋风炉，炉膛热载为 5016MJ/(m³·h)，炉膛容积为 4.08m³，受热面积不小于 150m²。旋风炉直径 1m，高 5.2m，其蒸发量为 6t/h，生产 1.3MPa 饱和蒸汽。苇屑供应量为 1833kg/h，半日贮存量为 480m³。风机可选用风压 5kPa，理论供风量为 7700m³/h（标准情况）的风机。为利于旋风燃烧，苇屑在进炉前，要用螺旋压缩机，以 3∶1 的压缩比，把 46kg/m³ 的苇屑压缩为 138kg/m³ 送入炉内。

2.2.2　处理禾草原料的草末锅炉[4]

辽宁某造纸厂的草末锅炉为双管筒、纵向布置，组装水管链条炉排的层燃及悬浮燃烧锅炉。锅炉分为送料系统、炉排、上部大件、空气预热器四个部件。上部大件主要由锅炉本体、骨架、炉墙、外包组成。锅炉本体由内径 φ900mm 的上、下锅筒，水冷壁，下降管，对流管束，集箱等组成。炉墙采用轻型炉墙，下部炉墙现场砌筑，使炉排与上部大件密封严密。在炉内合理地布置了卧式旋风燃尽室。实现了炉内除尘，降低了原始烟尘排放浓度。

炉排由支架、炉箅、配风装置等组成。空气预热器是采用烟气预热助燃的空气，它在制造厂内组装完成。草末锅炉还采用水平刮板除渣机及水膜除尘器等辅助设备。草末锅炉的具体工艺流程见图 2-11。

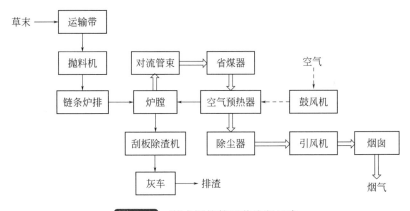

图 2-11　草末锅炉的工艺流程示意

水分含量为 29.6% 的草末，人工送上运输带，经过抛料机，被吹入链条炉排上；草末在炉排上呈层燃状态，部分草末在鼓风机及二次风的作用下未落下时已燃尽。有机物与助燃的氧气剧烈地化合，烧后灰烬（约占草末质量的 13.86%）及未被烧尽的炭被刮板除渣机刮到灰车里，排出灰渣的温度约为 120℃，由人工推走排渣。常温的空气通过鼓风机送入空气预热器，由热的烟气加热到大约 116℃ 后，通过风嘴被送入炉膛与炉排上的草末混合燃烧，生成 900℃ 的高温烟气从炉膛排出。烟气依次通过对流管束、省煤器、空气换热器，使用热的烟气加热锅炉给水和助燃的空气，热烟气放出热量，约降低到 150℃，再经除尘器除去烟气中的灰分后，由引风机从烟囱排出，排出烟气的温度约为150℃。

草末锅炉的水-汽流程如图2-12所示。来自动力车间的软化水首先通过给水泵送进省煤器，软化水吸收烟气的热量，从60℃加热到130℃；在这里水几乎被加热到0.3MPa、133℃下的饱和温度。经过省煤器预热的软化水，被给水泵的压力强制送入上锅筒。

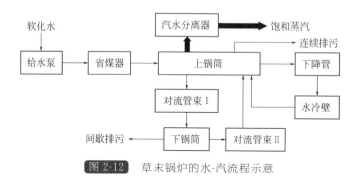

图2-12 草末锅炉的水-汽流程示意

进入上锅筒的给水分成两路自然循环，继续吸收烟气的热量。第一路通过位于烟气温度较低区段的对流管束Ⅰ。由于温度相对较低，水的密度较高，所以自然下降流入下锅筒。由于不断吸收热烟气中的热量，给水的温度升高，开始产生蒸汽，密度降低，通过位于烟气温度较高区段的对流管束Ⅱ，返回上锅筒。第二路通过不受热的下降管把进入上锅筒的给水送到炉膛周围的水冷壁，在其中，由于得到炉膛和烟气的热量开始蒸发，水-蒸汽混合物的密度低于在下降管中水的密度，由于这个密度差，水和蒸汽的混合物开始上升，返回到上锅筒。

送入上锅筒的给水，通过上述两路自然循环，充分吸收烟气的热量，被加热成为饱和蒸汽，积聚到上锅筒顶部，经过汽水分离器把饱和水分离后得到压力为0.8MPa、170℃的饱和蒸汽，送去动力车间。为保证锅炉水质，减少锅炉结垢，要将部分含盐浓度较高的污水排出，因此在上锅筒设置了连续排污，每小时排出污水的量约为1.4t，水温160℃。在下锅筒设置了间歇排污，视炉水的洁净程度，定期排出含垢的污水。

通过对草末锅炉系统的能量衡算，可知其热效率达到68.8%。草末锅炉每天生产0.8MPa、170℃的饱和蒸汽86.4t，相当于8.72t标准煤生产的蒸汽量；按照每吨标准煤的价格为680元计，这样每天就可以节约5929.60元。配置一台草末锅炉需要投资45万元，那么仅76d就可以回收对草末锅炉的投资。因此，可以说，草末锅炉的使用具有极大的经济价值。

参 考 文 献

[1] 栾积毅，武冬梅，武雪梅. 燃烧处理树皮、锯末[J]. 纸和造纸，2004(s1)：88-90.

[2] 邱富林. 50t/h煤粉锅炉改造成往复炉排树皮木屑与煤粉复合燃烧锅炉的经验与方法[J]. 广西节能，2009(3)：31-33.

[3] 白胜喜，栾积毅. 造纸企业木质废料燃烧转能的研究[J]. 黑龙江造纸，2004，32(4)：26-28.

[4] 刘秉钺. 制浆造纸节能新技术[M]. 北京：中国轻工业出版社，2010.

[5] 韦江华. 我国生物质循环流化床锅炉的技术特点[J]. 中国科技纵横,2010(22):19-20.

[6] 陈俊,徐荻萍. 流化床生物质锅炉燃料适应性分析与改进[J]. 节能,2012,31(11):32-34.

[7] 张凡. 浅谈工业锅炉节能措施[J]. 大科技,2011(14):7.

[8] 韩业玲,袁贺银,宋伟刚. 树皮锅炉点火与节能的探讨[J]. 黑龙江造纸,2007,35(2):61-62.

[9] 袁贺银,韩业玲,宋伟刚. 工业树皮锅炉的节能措施[J]. 黑龙江造纸,2007,35(1):62-63.

[10] 陈泽鹏,李正宓. 热管换热设备在余热回收上的应用[J]. 节能与环保,2006(10):38-40.

第3章

制浆过程废渣综合利用技术

3.1 筛浆废渣回收利用技术

制浆造纸工业的筛选废渣主要包括制浆和造纸两个阶段的废渣。在制浆阶段筛选废渣主要包括树皮、木节、砂砾、筛选的尾浆等。造纸阶段的筛选废渣主要包括浆渣、沙子、玻璃、塑料等。

对于树皮和木节这些固体废料一般企业都作为燃料使用，而尾浆一般企业用于抄造低档的纸品。对于造纸阶段的废渣，可以回收利用的主要是浆渣。

3.1.1 蔗渣浆筛选尾浆与回收废浆抄造高强度瓦楞原纸[1]

广西贵糖的许勇翔等利用企业产生的蔗渣浆渣等废料进行了瓦楞原纸的生产。蔗渣浆的筛选尾浆是由于蔗渣原料在蒸煮过程中一些药液难以渗透的渣节，以及因与药液混合不均匀而未能充分煮透的纤维束经筛选排出所得，占总制浆量的 7％～10％，这部分粗浆较难漂白，会形成纸浆尘埃，因而在漂白前需尽可能除去。广西贵糖用筛选尾浆（也称浆渣）抄造瓦楞原纸已有 20 多年的历史，1994 年前是以 1575 单网缸纸机抄造 D 级瓦楞原纸，至今已发展到以 1575 双网 5 缸纸板机配以地沟回收浆也能抄造高强度瓦楞原纸。下面对蔗渣浆的尾浆配以地沟回收废浆混合抄造高强度瓦楞原纸（定量 115～140g/m²）的技术进行介绍。

3.1.1.1 生产工艺流程与主要设备

（1）工艺流程

利用蔗渣浆的尾浆配以地沟回收废浆混合抄造高强度瓦楞原纸的工艺流程如

图3-1 所示。

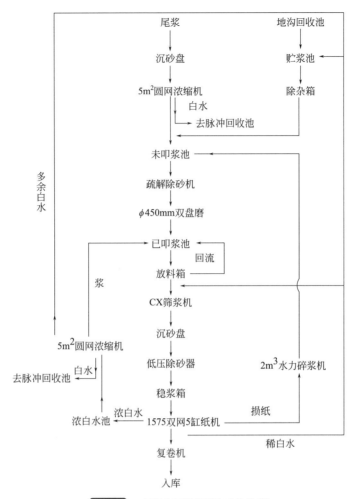

图 3-1 高强度瓦楞原纸工艺流程

（2）主要生产设备

1）打浆设备 ϕ450mm 双盘磨 6 台（型号 ZDP 两组并联）、2m³ 水力碎浆机 1 台、疏解除砂机 1 台（LCI）。

2）净化设备 600mm 低压除砂器 4 台、沉砂盘 5 个（自砌）。

3）抄纸机 1575 纸板机 2 台（双圆网、ϕ2.5m 大缸 1 个，ϕ1.5m 烘缸 4 个）。

4）复卷机 1575-1760 复卷机 1 台（型号 ZWJI）。

3.1.1.2 生产工艺与成纸质量

1）原料配比 筛选尾浆 85%，回收废浆 15%，生产品种 140g/m² 高强度瓦楞原纸；

2）打浆工艺 打浆浓度 2.8%～3.2%；打浆电流 140A；叩解度 20～25°SR；湿重 3.0～3.6g；

3）抄纸工艺 上网浓度 0.6%～0.8%；上网叩解度 30～35°SR；松香用量 0.2%～0.3%；矾土用量 1%～1.5%；滑石粉用量 6%～8%；出压榨水分 58%～

62％；出一缸水分 21％～25％；纸机车速 55m/min（定量 140g/m²）。

4）成纸质量　见表 3-1。

表 3-1　高强度瓦楞原纸检测数据

检测项目	GB 13023-91	所抄纸张
定量/(g/m²)	140±7	140
水分/％	6～10	8.65
施胶度/mm	不作要求	0.5
纵向裂断长/km	≥4.0	4.73
厚度/μm	不作要求	208
紧度/(g/cm²)	≥0.5	0.68
环压指数/(N·mg)	≥7.1	8.65
灰分/％	不做要求	6.8
等级	A	A

3.1.1.3　筛选尾浆生产高强度瓦楞原纸所要解决的几个关键工艺

从生产的瓦楞原纸质量检测数据可知，筛选尾浆配以地沟回收浆完全可生产出符合国际 A 级瓦楞原纸质量要求的瓦楞原纸，其纵向裂断长达到 4.5km 以上，但筛选尾浆与地沟回收浆由于其自身来源的特点，决定了原料上有以下两个方面的不足。

① 浆料中全都是未蒸解透的纤维束，包括生料等，这给浆料的打浆造成一定的困难。

② 浆料中夹杂的杂质较多，如小石子、砂粒、木屑竹枝、橡胶薄膜甚至小铁片等，净化难度较大。

以上两个方面如解决得不好，则较难保证产品质量。

为了保障生产的顺利进行，企业在生产中就这两个问题从以下几方面进行了改进。

（1）浆料的净化

如上面所述，由于筛选尾浆是由制浆厂筛选设备筛出，夹杂物较多，且纤维束较粗长，经测定其质量数据如下：纤维束平均长度 20～30mm，叩解度 3～6°SR，浆硬度(15～20)K（K 代表高锰酸钾的钾值）；地沟回收浆：叩解度 17～21°SR，浆硬度(13～17)K，纤维平均长 1.4～3mm。针对浆渣杂质多，采取分级逐步去除的工艺进行净化。具体的做法是：第一步利用沉砂盘除去密度较大的石子、铁器等。尾浆由浆厂泵送过来（地沟回收浆则由回收池泵送来），经加白水稀释至浓度为 0.8％～1.5％后，密度较大的杂质就能在沉砂盘沉积下来，然后浆料再泵送至未叩池贮存。

这样设置，一方面为减少 φ450mm 双盘磨磨片损耗，另一方面可避免大的杂物堵塞双磨或浆泵。也曾试用过跳筛及 CX 筛进行第一级净化，但均因浆渣纤维束较长，杂物与纤维分离不出来，浆料流失大，且尾浆本身就是制浆工段的跳筛与 CX 筛分离出来的，因而未能达到净化效果，所以至今一直使用沉砂盘。

第二级净化，安排在尾浆进入双盘磨前，先经 LC 疏解除砂机以除去稍大的砂粒、塑料粒、竹枝等。目的是避免塑料粒、硬渣头等卡塞磨片沟，确保 $\phi 450mm$ 双盘磨的打浆效果。

第三级净化目的则是除去前面净化设备未能除去的表面积稍大的塑料片、胶片及未能叩解的长纤维等，使用的设备是 $0.9m^2$ CX 筛（筛孔 $\phi 2.5mm$），设置在放料箱后入沉砂盘前，进浆浓度 $0.6\% \sim 1.0\%$。

第四级净化是纸机前净化，即浆料在进入稳浆箱前，先经小沉砂盘沉砂后，再经低压除砂器除去细小的砂粒与渣节。有些纸厂取消小沉砂盘，而使用一级二段高压除砂器净化浆料，这样设置除砂效果固然好，但电耗高，设备磨损大，而瓦楞原纸对细小砂粒的净化要求并不是很高，所以不必增加这部分电耗。浆料经以上四级净化后，所抄造的高强度瓦楞原纸，已不再因杂物与长纤维的影响而降低产品质量。

（2）浆料的打浆

筛选尾浆较粗长，是草类制浆筛选尾浆的特点之一。由于均是未蒸解透的纤维束及渣节头，与蔗渣化机浆特性有所不同（化机浆含有部分细小纤维与杂细胞），在打浆工艺上宜采用分组打浆的办法处理。第一组要求采用通过量大，切断能力较强的粗齿磨片，如上海轻工二厂的 11 号磨片（图 3-2），安排两台 $\phi 450mm$ 双盘磨磨浆，叩解度达到 $12 \sim 15°SR$ 后进入第二组 $\phi 450mm$ 双盘磨。第二组磨片才采用分丝帚化能力较强的普通草类纤维磨片，上海轻工二厂的 4 号磨片（图 3-2），安排 3 台 $\phi 450mm$ 双盘磨磨浆，叩解度达到 $20 \sim 25°SR$。否则的话，必须增加双盘磨台数以及增加电荷损耗，打浆效率较低。有些厂家对两组打浆分别采用不同的打浆设备，但目的也是第一组起强切断作用，第二组才起分丝帚化的功能。

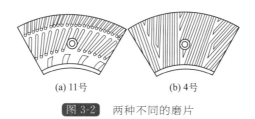

(a) 11号　　　(b) 4号

图 3-2　两种不同的磨片

（3）浆料配比对纸张强度的影响

由于地沟回收浆纤维相对较短，配入过多对抄造瓦楞原纸的强度与耐破度是有一定影响的，不同的配比对 $140g/m^2$ 瓦楞原纸强度与耐破度的检测结果见表3-2。

表 3-2　不同配比对瓦楞原纸质量的影响

纸样	浆料配比		成纸检测		
	尾浆/%	回收浆/%	紧度/(g/cm²)	断裂长/km	环压指数/N·mg
1	10	90	0.65	2.60	6.01
2	40	60	0.66	3.50	6.68
3	80	20	0.68	4.46	7.87
4	100	0	0.65	4.83	7.65

从表 3-2 可知，加入地沟回收浆越多，纸张强度下降则越大，因此抄造高强度瓦楞原纸加入的地沟回收浆应严格控制在 20％以下。

（4）纸张的增强

从上述原因分析可知，筛选尾浆与地沟回收浆抄造高强度瓦楞原纸，由于其原料均是未蒸解透的纤维束，细小纤维与杂细胞均较少，经轻度施胶后在强度上完全能达到质量要求，成纸纵向裂断长可稳定在 4.4～4.8km 之间。如要产品再上档次，除上述提到的加强浆料净化与控制好打浆度外，可加入一定量的阳离子淀粉，以增加纤维之间的结合力，从而达到提高纸张强度的效果。如使用 CS 阳离子淀粉，在稳浆箱加入，加入量为 0.8％～1％，成纸纵向裂断长能达到≥5.0km 的程度，可满足某些客户对瓦楞原纸强度的特殊要求。阳离子淀粉糊化工艺：浓度 4％～5％，糊化温度 90～95℃，时间 3～5min，搅拌速度 25r/min，糊化后保温 20～30min 备用，使用时再稀释成 0.5％浓度。

（5）白水的循环使用与回收

瓦楞原纸的白水回收问题，一般比较好解决，原因：a. 瓦楞原纸抄造定量比较大，叩解度低，纤维滤水性比较好；b. 各种副料加入量少，保留率较高，因而白水成分比较简单，95％以上是细小纤维，用气浮池回收或脉冲沉淀池回收均可。

虽然白水回收不是生产高强度瓦楞原纸的技术关键，但这是一个环保问题。抄造瓦楞原纸对水质的要求不是很高，如果白水回收处理得好，清水用量少，不但降低排污量，减少环境污染，而且可以降低生产成本，减少排污费。瓦楞原纸的白水除用于稀释浆料使其尽可能多回用外，剩余白水经 $5m^2$ 圆网浓缩机回收纤维后，网底水送脉冲回收池回收清水与细小纤维，清水回用于喷网及洗毛布（喷孔 $\phi2.5mm$），细小纤维再用于纸机。白水经这样处理后，用清水则较少了，吨纸耗水量仅为 10～15m^3。

3.1.2　尾浆堆垛回煮[2]

这个技术也是在广西贵糖进行了生产实践。其主要内容是将多余尾浆经浓缩后进行二次堆垛（堆垛时间 3～7d），然后将堆垛后的尾浆进行回煮，回煮的尾浆全部回原流程制浆。

（1）蒸煮工艺

蒸煮与尾浆处理工艺如图 3-3、图 3-4 所示。

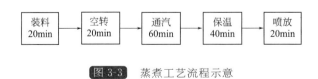

图 3-3　蒸煮工艺流程示意

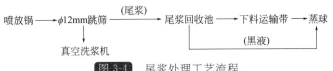

图 3-4 尾浆处理工艺流程

（2）尾浆回煮结果

尾浆回煮结果见表 3-3。

表 3-3 尾浆回煮结果

原料量 /(t/球)	原料水分 /%	用碱量 /(kg/球)	粗浆率 /%	蒸煮时间 /min	黑液提取率 /(m³/t 浆)
25	80	330	62	160	14

注：蒸煮设备为 40m³ 蒸球，蒸煮压力均为 0.6MPa。

（3）效益

经回煮的尾浆由于二次纤维含量高，并已一次浸透碱液，蒸煮用碱少，粗浆率高；其次经改造，回用尾浆，形成良性循环，减少原材料的损失和减少污染源，达到经济效益和社会效益双丰收。

（4）存在问题

① 由于甘蔗渣采用湿法堆垛，堆垛场地腐蚀性和破坏性大，带给流程和设备的砂石等杂质多，设备磨损大；

② 由于集中回煮尾浆，喷放管易堵塞；

③ 重复回煮，增加了吨浆碱耗成本；

④ 尾浆经回煮，由于水分大并且尚有 10％良浆溶解到黑液进入碱回收蒸发与碱炉，增加该工序的负荷。

3.2 脱墨污泥综合利用

3.2.1 脱墨污泥的性质

废纸再生利用过程中，碎浆、筛选净化、脱墨过程中会产生大量的固体废渣，其发生量因废纸种类、等级以及制浆工艺和目标产品的质量要求的不同而差别较大。据调查统计，废纸制浆固体废渣的发生量占脱墨浆总量的 29.2％，而其中量最大的是浮选槽排出的脱墨污泥。

在典型的废纸脱墨制浆工艺中，除较易处理的大杂质（如塑料、防撞泡沫等）外，每吨脱墨浆产生脱墨污泥 80～150kg，其中包括脱墨过程和筛浆过程中产生的污泥以及筛渣。脱墨污泥的主要成分包括印刷油墨颗粒、废纸中的矿物填料和涂料、随油墨一起浮选流失的纤维以及筛选过程中产生的少量粗渣。对旧新闻纸脱墨污泥及污泥灰分的化学元素组成分析表明（见表 3-4），脱墨绝干污泥中除 C、H、O 三种元素外，Ca、Al 含量也较高，其中，C、H 主要来源于污泥中的纤维，Ca、Al 则主要源于矿物填料和涂料。另外，从表 3-4 还可看出，脱墨污泥中含有 Cu、Pb、Cr 等重金属元素，可能会在填埋处理时造成重金属离子积累和污染。

表 3-4 脱墨污泥及其灰分的元素组成与含量[3]　　　　　　　　单位：%

元素	C	H	O	N	Ca	Al	Na	Mg	Si
I	41.56	4.37	32.69	0.091	6.20	0.97	0.42	0.14	0.046
II	8.14	0.71	18.30	0.079	20.40	3.18	1.38	0.46	0.15
元素	Fe	K	Cu	Zn	Sr	Mn	Ti	Cr	Pb
III	0.41	0.32	0.16	0.091	0.069	0.044	0.022	0.020	0.019
IV	1.36	1.06	0.52	0.29	0.22	0.14	0.071	0.065	0.059

注：Ⅰ、Ⅲ为绝干污泥中含量；Ⅱ、Ⅳ为污泥灰分中的含量。

3.2.2　利用脱墨污泥生产造纸用填料和涂料[4]

英国 ECC. International 公司利用脱墨污泥生产造纸用填料和涂布颜料的方法是控制温度煅烧回收法。就是利用脱墨污泥中的碳酸钙和瓷土在不同温度下燃烧彻底，不含炭粒，也不会过度煅烧，即形成水泥状煅烧物。

3.2.2.1　脱墨污泥制无机颜料的途径与关键事项

脱墨污泥中无机成分主要是白土和碳酸钙，它们都是无机颜料，如果回收后纯度高，可以用作造纸填料和涂布颜料。根据污泥的成分，除了白土和碳酸钙外，还有细小纤维和粗渣（筛渣），这是可以燃烧的有机物。许多油墨粒子也是可以燃烧的。因此，采用燃烧或煅烧的方法，除去有机物后，留下来的应当就是不能燃烧的无机颜料。但是，采用燃烧或煅烧的方法应当注意以下两个方面。

① 不能留有有机物燃烧后的残余物——炭粒（炭黑）。如有 0.1% 的炭黑残留，颜料的白度将会降低 25%ISO（见图 3-5）。图 3-5 中实线是根据 Kubelka-Munk 公式计算出来的白度。图 3-5 中的测定数据基本上都在实线上，这说明炭黑对白度的影响

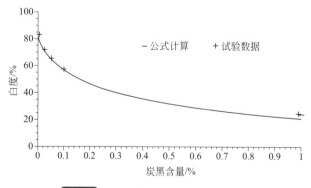

图 3-5 炭黑含量对颜料白度的影响

是很大的。通常，脱墨污泥的颜色由深灰至黑色，其白度仅 20%ISO 左右。要使白度提高，达到纯颜料本身的白度，就必须把有机物烧透，都变成 CO_2 和其他气体氧化物逸出。

② 在燃烧时无机物燃烧的得率要高，而且还要不起化学变化。因为在燃烧和煅烧时将会有很多化学反应，例如：

$$Al_2O_3 \cdot 2SiO_2 \cdot 2H_2O \xrightarrow{550℃} Al_2O_3 \cdot 2SiO_2 + 2H_2O$$

白土　　　　　　　　　　　失水白土

$$CaCO_3 \xrightarrow{750 \sim 850℃} CaO + CO_2$$

碳酸钙　　　　　　　氧化钙

$$2(Al_2O_3 \cdot 2SiO_2) \xrightarrow{900 \sim 950℃} 2Al_2O_3 \cdot 3SiO_2 + SiO_2$$

失水白土　　　　　　　　硅铝尖晶石　　　　　　无定形二氧化硅

$$CaO + SiO_2 \xrightarrow{800 \sim 1000℃} CaSiO_3$$

氧化钙　二氧化硅　　　　　　硅酸钙

$$3(2Al_2O_3 \cdot 3SiO_2) \xrightarrow{1000 \sim 1150℃} 2(3Al_2O_3 \cdot 2SiO_2) + 5SiO_2$$

硅铝尖晶石　　　　　　　富铝红柱石　　　　　　方石英

$$2Al_2O_3 \cdot 3SiO_2 + 4CaO \xrightarrow{1000 \sim 1150℃} 2(2CaO \cdot Al_2O_3 \cdot SiO_2) + SiO_2$$

钙黄长石

从以上这些反应来看，温度应当控制在 750℃ 以下才较合适，因为这时有机物可以彻底燃烧，最后变成 CO_2 和其他气体氧化物逸出，而不残留炭粒（炭黑）。然而，在纤维材料燃烧时，往往放出大量热量，使局部温度超过 900℃，在这种情况下，$CaCO_3$ 分解了，并能与白土反应，像在生产水泥时那样，产生了另一些硅酸盐，这将导致粒子烧结或熔融成粗、硬、玻璃状的烧结物，这样的烧结物就不能再用于造纸作填料或涂料了。

3.2.2.2 脱墨污泥控制温度煅烧回收无机颜料

为了避免上述烧结物的出现，开发出了在高度控制温度下的焚烧脱墨污泥的技术，结果是碳酸钙的分解减少了，并防止了无机物之间的反应。焚烧分为两个阶段：在第一阶段，大部分有机物很快、很有效地烧掉，避免了污泥产生局部高温的可能性；第二阶段，对第一阶段焚烧成的灰进行深度煅烧，在这一阶段，所有残留的痕迹量的炭和有机物消灭了，得到了清洁的颜料。

在焚烧以前，不需将污泥干燥，有些水分存在有利于燃烧时局部温度的控制。但是，这仅对污泥单独燃烧时有利，用树皮、木材或木炭作辅助燃料时会导致产品的污染。

3.2.2.3 回收无机颜料的性质

控制温度焚烧防止了无机物粒子的大量烧结，但是，白土脱水成脱水白土是其产品，其结构与煅烧白土相似，事实上这是有利的，因为这将给再生颜料增加光散射性，很可能从油墨来的非可燃的残渣，也有可觉察的光散射系数，它是含磨木浆纸的优良不透明剂。根据脱墨污泥的来源，这种颜料的白度为 70%～85%ISO。无磨木浆的废纸脱墨污泥，其颜料的白度较由旧报纸和旧杂志纸来的颜料的白度要高。来自任何特殊污泥来源的产品，通常有一致的白度值，颜料的磨蚀值（abrasion value）也决定于污泥的来源和所用的方法，但与原涂料和填料白土是相似的。粒子大小分布在生产阶段可以调节，以适于预期的应用。

3.2.2.4 回收颜料用于造纸填料的试验结果

旧报纸和杂志纸脱墨污泥回收来的颜料作为新闻纸和 SC 杂志纸的填料，其白度可与碳酸钙相当，但比煅烧白土低些，但回收颜料具有较高的不透明度（见表3-5）。

表 3-5 SC(B)纸使用不同填料时的性能比较

填料种类	白度/%	不透明度/%	抗张指数/(N·m/g)	撕裂指数/(mN·m²/g)	粗糙度(PPS10)/μm	油墨穿透性
回收颜料	63.5	96.6	22.5	4.8	2.25	0.0175
白垩	63.1	94.8	28.0	4.7	2.7	0.0275
白土填料	64.0	94.6	22.0	4.6	3.0	0.025
滑石粉	62.1	93.2	22.5	4.4	3.25	0.045

从表 3-5 可以看出：回收颜料的不透明度最好；此外，粗糙度低（即平滑度高）和油墨穿透性好。

3.2.2.5 回收颜料用于造纸涂料的试验结果

上述回收颜料可用于胶印和凹印轻量涂布纸（LWC）的涂布。含磨木浆原纸定量为 $42g/m^2$，涂布量为 $8g/m^2$，涂布速度 800m/min 的实验室试验胶印涂布结果见表 3-6。

表 3-6 不同颜料配比对胶印 LWC 原纸涂布结果

颜料配比	涂料固含量/%	白度/%	不透明度/%	粗糙度(PPS10)/μm	光泽度/%
100%白土涂料	59	71.9	89.0	1.55	50
80/20 白土涂料/回收颜料	54	70.9	89.9	1.35	54

表 3-7 是不同颜料配比对凹印 LWC 原纸的涂布试验结果，原纸定量 $40g/m^2$，涂布量 $7g/m^2$，涂布速度为 800m/min。

表 3-7 不同颜料配比对凹印 LWC 原纸涂布结果

颜料配比	涂料固含量/%	白度/%	不透明度/%	粗糙度(PPS10)/μm	光泽度/%
50/50 白土/滑石粉	50	72.1	89.0	0.86	51
85/15 白土/滑石粉/回收颜料	50	72.0	90.7	0.90	43

从表 3-7 可以看出，使用 15％回收颜料后，不透明度提高了，白度没降低，光泽度有了较大的降低，粗糙度稍有增加。印刷性能见表 3-8。

表 3-8 LWC 凹版印刷纸的印刷性

颜料配比	印刷光泽度/％	印刷密度	消除网点/％
50/50 白土/滑石粉	71	2.0	1.90
85/15 白土/滑石粉/回收颜料	67	1.83	1.20

从表 3-8 可以看出，使用 15％回收颜料后，改进了纸的印刷网点，印刷光泽度和印刷密度稍有下降。对胶印用 LWC 的中试情况是：原纸定量 $40g/m^2$，涂布量每面 $6g/m^2$，刮刀涂布机涂布速度 1400m/min。涂布结果与印刷性能见表 3-9 和表 3-10。

表 3-9 LWC 胶印纸中试涂布结果

颜料配比	涂料固含量/％	白度/％	不透明度/％	粗糙度(PPS10)/μm	光泽度/％
100％白土涂料	56	70.0	88.6	1.01	58
80/20 白土涂料/回收颜料	52	68.9	91.0	1.05	61

表 3-10 LWC 胶印纸印刷性能

颜料配比	印刷光泽度/％		印刷密度	
	干版	石版	干版	石版
100％白土	65	57	1.4	1.3
75/25 白土涂料/回收颜料	59	51	1.4	1.3

从表 3-9 和表 3-10 可以看出，配用 25％回收颜料时涂布后的白度有所下降，但不透明度增加，粗糙度略有增加，光泽度增加较多。印刷后光泽度有较大下降，印刷密度不变。

3.2.2.6 总结

从脱墨污泥回收的无机颜料可适用于造纸填料和涂料，其关键技术是控温煅烧，无副产品，因此有效地消除了脱墨污泥的污染问题。回收颜料的特点是具有优良的光散射性能，对含磨木浆的纸是有效的不透明剂。在涂布时可代替部分原颜料，能改进纸页光学性能和可印刷性能。

3.2.3 脱墨污泥制高质量板材[5]

将脱墨污泥和胶合剂混合可生产环境友好的建筑板材，污泥中的大量纤维和矿物质通过胶合剂可制成中密度板，有很好的强度和耐火性及可钉、可钻性。此项技术现已应用于工业化生产。

丹麦 Full circle Products 公司与他人合作开发了脱墨污泥制建筑板的方法[4]，其生产的建筑板,不需要用胶黏剂、水泥或任何有害的助剂。车间没有固体废料,所有边角料砂磨残余物均在生产中循环利用,水耗和废水污染降至最少。从污泥带来的水(污泥含水约70%,污泥中纤维含量一般为25%~40%)将循环利用,建筑板应用后,也可回收循环利用。其生产流程为:原料进入→原料分析→原料调节→混合配料→脱水→第一次压榨→切断→干燥→第二次压榨→干燥→加热→冷却→修边→砂磨→切块→包装→入库。此方法要求污泥质量均匀、来源稳定,污泥中的纤维含量一般在25%~40%(如若超过50%板材易挠曲),需外加阻燃剂。

国内也有研究人员对利用脱墨污泥制造纤维板进行了研究,刘贤淼等利用造纸厂脱墨污泥为原料,以脲醛树脂为胶黏剂制造纤维板,分析了密度、施胶量、温度、时间4个工艺参数对纤维板物理力学性能的影响,表3-11为正交实验的工艺因子和水平。

表 3-11 工艺因子及水平

水平	密度/(g/cm³)	施胶量/%	温度/℃	时间/min
1	0.8	12	120	4
2	1	15	150	6
3	1.2	18	180	8

其正交设计方案和研究结果是(表3-12纤维板性能测试结果):

表 3-12 纤维板性能测试结果

方案	密度/(g/cm³)	含水率/%	静曲强度/MPa	弹性模量/GPa	结合强度/MPa	内结合强度/MPa	24h吸水厚度膨胀率/%
1111	0.83	7.90	3.83	0.13	1.38	0.67	4.32
1222	0.84	7.93	4.14	0.51	1.69	0.71	3.98
1333	0.84	7.88	3.54	0.62	1.66	0.65	4.05
2123	1.03	7.77	4.53	1.12	2.32	1.11	6.61
2231	1.02	7.63	5.19	1.30	2.28	0.70	6.16
2312	1.02	7.85	5.77	1.48	2.60	1.56	5.28
3132	1.25	7.39	7.01	1.98	2.00	1.03	7.65
3213	1.25	7.30	11.87	2.64	2.82	1.58	6.71
3321	1.25	7.50	12.88	2.86	3.16	1.86	5.70

(1) 工艺参数对静曲强度(MOR)的影响

从表3-12可以看出,4个工艺参数对纤维板MOR均有非常显著影响,尤其是密度和时间所取3个水平之间均有显著差异。

随着密度增大及施胶量增加,材料MOR呈现显著上升趋势。密度增大可以增加抵抗弯曲的物质的量,而施胶量增加使纤维之间胶合点增多,有利于增加粉末之间的连接性能,但二者增大会增加材料制造的成本。随温度升高,MOR略有上升然后急剧下降,这是由于污泥的热导率 $[1\sim2W/(m\cdot K)]$ 远大于木材的热导率 $[0.1\sim0.2W/(m\cdot K)]$,温度过高水分析出速率太快，而污泥比纤维透气性差很多，因此很容易引起板子鼓泡、分层等内部缺陷，另外，在180℃部分脲醛树脂胶已经开始分解，因此温度过高，纤维板性能反而下降。随时间增加，MOR呈现先降低后上升趋势，可能的原因是由于污泥热导率高，随着时间增加有利于板子中水分的缓慢析出，保证芯层达到所需温度，胶黏剂固化完全，这有利于MOR提高；但同时脲醛树脂胶随着时间增加也开始分解，因此时间过长不利于MOR提高。

（2）工艺参数对弹性模量（MOE）的影响

工艺参数对材料MOE影响顺序从大到小依次为密度、施胶量、温度和时间。密度、施胶量、温度对材料MOE均有非常显著影响，但时间仅在$a=0.1$水平下显著，随着密度和施胶量的增大，材料MOE呈上升趋势；温度升高，材料MOE先上升后下降，其原因与工艺参数对MOR影响相同。

（3）工艺参数对内结合强度（IB）的影响

工艺参数对材料IB影响顺序从大到小依次为密度、施胶量、温度和时间。各个因素对材料IB影响均非常显著，随着密度和施胶量的增大，材料IB呈上升趋势；温度升高，材料IB先上升后下降，其原因与工艺参数对MOR影响相同。

（4）工艺参数对沸腾实验后内结合强度（IBb）的影响

工艺参数对材料IBb影响顺序从大到小依次为密度、温度、施胶量和时间。除时间外，工艺参数对材料IBb影响均非常显著。随着密度和施胶量的增大，材料IBb呈上升趋势；温度升高，材料IBb先上升后下降，其原因与工艺参数对MOR影响相同。

（5）工艺参数对24h吸水厚度膨胀率（TS）的影响

工艺参数对材料TS影响顺序从大到小依次为密度、温度、施胶量和时间。密度、温度、施胶量对材料TS影响均非常显著；时间对材料TS影响显著。随着密度增加，TS呈上升趋势，原因是密度增加，热压时压缩比大，吸收水分后膨胀也大。施胶量增加，TS呈下降趋势，是由于施胶量增加有利于胶合。温度增加，TS先上升后下降，原因与温度对材料MOR影响相似。随着时间增加，材料TS略有上升趋势，可能原因是污泥的热导率大，时间过长可能使脲醛树脂胶过度固化变脆甚至分解。

通过表3-12的数据可知，所制得的纤维板其内结合强度、沸腾实验后内结合强度、吸水厚度膨胀率和弹性模量都能达到或超过《国家中密度纤维板标准》（GB/T 11718—1999）所规定的室内型纤维板标准，但静曲强度未能达到国家标准，还需进一步研究以增强纤维板的静曲强度。

3.2.4 利用脱墨污泥改良土壤[6]

利用脱墨污泥改良土壤的方法：直接利用和经过堆肥处理后利用。直接利用脱墨污泥改良土壤所需的时间比较长，研究表明，这种方法一般要三年以上时间才能起作用。用堆肥法处理脱墨污泥，可以在堆肥过程中添加含氮物质，降低脱墨污泥的C、

N 比例，促进脱墨污泥堆肥的成熟，提高脱墨污泥改良土壤、增加肥效的能力。

但利用脱墨污泥改良土壤最令人关注的问题为是否会造成污染。研究表明，脱墨污泥与其他纤维素废弃生物质以一定比例混合堆肥 24 周后，原脱墨污泥中的重金属、苯酚、氯化和芳香族碳水化合物、二噁英、呋喃和多氯联苯族化合物都低于检测限值。因此，原脱墨污泥和未完全堆肥成熟的污泥不会对周围的地表水和地下水造成污染。因此，脱墨污泥是一种优良的土壤有机改良剂。

3.2.5 脱墨污泥焚烧回收能量[7]

有研究表明，脱墨污泥焚烧回收的潜在能量与黑液接近。如果脱墨污泥的水分含量降低到一定程度，也可作为一种理想的燃料。为解决此问题，杭州某公司发明了焚烧废纸脱墨湿污泥的方法，将湿污泥改性为容易燃烧的燃料，然后采用普通层燃锅炉焚烧。主要步骤：脱水，将湿污泥脱水使干度达到 $42\%\sim75\%$ [6]；加助燃剂，然后将脱墨污泥挤压成能够满足燃烧要求的成型污泥，然后将成型的脱墨污泥在普通层燃锅炉连续焚烧。脱墨污泥焚烧不仅回收了能量，还可以降低固体废物的填埋量。

关于脱水能力，脱墨污泥与一级污泥和二级污泥是不同的。脱墨污泥中包括油墨微粒、黏结剂、无机填料（如黏土、碳酸钙、纤维素纤维等）。脱墨污泥的脱水较困难。相比之下，纸厂废水处理厂污泥，其含纤维较多，更容易脱水。这表明，污泥中纤维含量越高，脱水后的干度越高。污泥处理方法是普遍适用的。脱墨污泥经常与废水处理厂污泥一起处理。在焚烧之前，污泥必须尽可能脱去水分。

目前在脱墨浆厂，流化床技术应用于湿污泥的燃烧。循环流化床技术与传统锅炉比，可以产生较少的 SO_2 和氮氧化物排放。燃烧污泥可以减少污泥填埋量，其灰渣处理量为原污泥量的 25%。此外，脱墨污泥产生的炉灰可用作水泥的骨料。

而在焚烧过程中浓缩了污泥中的重金属，如果其浓度达到危险水平，则污泥焚烧后的炉灰需特别处理。

每吨废纸约产生 $200\sim400kg$（干重）的废弃物和污泥，产品不同、使用的回收纤维不同，其产生的废弃物和污泥量也不相同；进行脱墨处理的产品，其产生的废弃物和污泥量较多，详见表 3-13。

表 3-13 废纸造纸产生的废弃物和污泥数量

产品	回收纸品	废物（干质量）/%				
		全部	废弃物		污泥	
		废弃物和污泥	重质和粗	轻质和细	浮选脱墨	白水澄清
图纸	报纸、杂志	15~20	1~2	3~5	8~13	3~5
	高级纸	10~25	<1	≤3	7~16	1~5
卫生纸	报纸、杂志、办公用纸，中级	27~45	1~2	3~5	8~13	15~25

产品	回收纸品	废物（干质量）/%				
		全部	废弃物		污泥	
		废弃物和污泥	重质和粗	轻质和细	浮选脱墨	白水澄清
商品脱墨浆	办公用纸	32～46	<1	4～5	12～15	15～25
挂面纸、瓦楞纸	牛皮纸、旧瓦楞纸	4～9	1～2	3～6	—	0～1
纸板	混杂纸、旧瓦楞纸	4～9	1～2	3～6	—	0～1

虽然生产的产品不同，使用的回收纤维种类不同，产生的脱墨污泥数量存在差异，但脱墨污泥的成分基本相同，包括油墨（黑色和彩色颜料）、填料和涂料、纤维、细小纤维、胶黏剂等。其中浮选渣中 55% 以上为无机物，主要是填料和颜料，如黏土和碳酸钙。纤维含量较少。脱墨污泥热值的大小由灰分含量决定，干物质的热值为 4.7～8.6GJ/t。由于脱墨污泥中硫、氟、氯、溴和碘的含量都较低，因此，在焚烧脱墨污泥时不必安装昂贵的烟气净化系统。与废水处理厂污泥相比，脱墨污泥的氮和磷的含量也很低。与市政污水相比，镉和汞的浓度也很低，只有铜的浓度与市政污水相当。脱墨污泥中的铜主要来源于含酞菁化合物的蓝色颜料。

在脱墨污泥焚烧的烟气中检测到卤化有机物，如多氯联苯、二噁英和呋喃。其中 PCB 的浓度低于 0.3mg/kg（干固体），二噁英和呋喃的浓度也不高。由于漂白剂从元素氯到二氧化氯的改变，脱墨污泥中二噁英和呋喃已显著减少。目前，脱墨污泥中二噁英和呋喃的浓度为 25～60ng I-TE/kg（干固体）。与市政污水处理厂的污泥中二噁英和呋喃的浓度差不多。由于大部分化学浆厂已不采用元素氯漂白剂，所以在废纸造纸过程中二噁英的排放已很低，并会继续减少。

3.2.6 脱墨污泥生产纸及纸板

梁立丹[8]等研究表明，脱墨污泥中纤维的含量比较高，为 59.5%（对绝干污泥），其纤维的平均长度为 0.24mm，长度小于 0.20mm 的组分占总数量的 72%；13% 的纤维长度分布在 0.20～0.40mm 之间。虽然细小纤维的组分含量高，但短纤维通过与其他纤维混配，可以抄造一些满足建筑和包装等用途的纸板。将这部分流失的纤维回用于抄纸，既可以处理脱墨污泥，又可以资源回用，降低成本。

3.2.6.1 脱墨污泥配抄纸板[9]

华南理工大学贺进涛、武书彬等利用脱墨污泥与化学热磨机械浆（CTMP）、废旧瓦楞纸板（OCC）浆和混合办公废纸浆进行配抄纸板实验，实验内容如下。

（1）实验原料和方法

1）实验原料

① 脱墨污泥。取自广州造纸厂 250t 脱墨生产线，水分含量为 44.63%，打浆度

34°SR，取回后放在冰箱中保存备用。

② CTMP。取自广州造纸厂 CTMP 车间第Ⅱ段磨浆，水分含量为 17.58%，打浆度 15°SR。

③ OCC 浆。将进口仪器的包装箱纸板撕成 25mm×25mm 的小片，然后用 100℃ 的水浸泡 12h 后，碎浆、筛浆后备用，打浆度 22°SR。

④ 办公废纸浆。办公室碎纸机产生的 2mm×10mm 的废纸屑，用室温的水浸泡 3h 后，碎浆，筛浆后备用，打浆度 31°SR。

2）实验方法

① 碎浆。将经过浸泡包装箱纸板和废纸屑，分别加入高浓碎浆机中碎解，碎浆浓度为 12%。碎解完后，用密封袋装好，平衡水分，并测量水分含量。

② 抄片。将脱墨污泥与 3 种纤维按一系列不同比例混合，疏解浆料，稀释后用标准抄片器抄片，纸板定量 130g/m²。

③ 性能测试。测试指标有紧度、透气度、撕裂指数、耐破指数、抗张指数、挺度和 30s 吸水性（Cobb 值），均按照国家标准进行检测。

（2）结论

在对脱墨污泥和 3 种纤维不做任何处理的情况下，从撕裂指数、耐破指数和抗张指数 3 种强度指标来看，脱墨污泥与 OCC 浆配抄优于与 CTMP 和办公废纸浆配抄。OCC 浆和办公废纸浆的效果在紧度方面比较相近，可通过提高 OCC 浆的打浆度来改善紧度，而在挺度方面，以 CTMP 最佳。透气度和吸水性都反映了纸板的多孔性，均以 CTMP 的透气度和吸水性最大，但不同功能要求的纸板，对透气度和涂布纸表面吸水值（Cobb 值）的要求不同，应根据要求选择配抄纤维。同时可以通过提高打浆度、添加防水剂来达到要求的透气度和 Cobb 值。

3.2.6.2 脱墨污泥制备环保箱板纸（CN 102277764 A）

湖南泰格林纸集团的岳阳安泰实业公司的一项技术是利用脱墨污泥生产环保箱板纸。该技术的主要内容是用废纸脱墨浆污泥、造纸白水回收浆、制浆废水回收浆、化学浆浆渣、废纸浆经混合打浆后配用，经上网成形、压榨、干燥、压光、卷取抄造。

（1）该技术主要参数如下。

① 浆料质量配比。废纸脱墨浆污泥 20%～35%；造纸白水回收浆 20%～30%；制浆废水回收浆 20%～40%；化学浆浆渣 5%～10%；废纸浆 10%～25%。

② 辅料对绝干浆用量。施胶剂烷基烯酮二聚体质量比 0.30%～0.40%；干强剂 2～5kg/t；原淀粉 12～18kg/t。

③ 上网浓度。0.3%～0.7%；上网打浆度 19～28°SR。

④ 预压加压。1#自重或均加，2#加压为 0.1～0.13kgf/m²；主压加压 0.3～0.45kgf/m²；正压加压 0.4～0.5kgf/m²；压光加压 0.3～0.5kgf/cm。

⑤ 成纸水分质量含量为：成纸水分 8%～10%。

上述②中的原淀粉主要采取网上喷射至湿纸幅上。本发明制得的环保箱板纸的特性：制得的箱板纸定量：250～500g/m^2；紧度≥0.7g/cm^3；水分8%～10%；横幅定量5%以内；耐折度不少于14次。

此技术有效利用废纸脱墨污泥为原材料，克服了废纸脱墨污泥综合开发利用难的缺点，降低了填埋、焚烧及回收造纸污泥对环境造成的污染，同时降低了污水处理厂处理污泥的投入成本。并已申请发明专利。

（2）此技术具体实施方式

1）实施例1　按废纸脱墨浆污泥35%、造纸白水回收浆20%、制浆废水回收浆30%、化学浆浆渣5%、废纸浆10%配比调制950kg混合浆，打浆至适当的叩解度混合加入35kg施胶剂烷基烯酮二聚体（AKD），4kg干强剂，纸料经圆网机上网、预压、主压、干燥、压光、卷取，复卷得到环保箱板纸1000kg。抄造上网浓度0.45%；原淀粉以一定的浓度喷射至湿纸幅上。预压加压：1$^#$自重或均加，2$^#$加压为0.1～0.13kgf/m^2；主压加压0.3～0.45kgf/m^2；正压加压0.4～0.5kgf/m^2；压光加压0.3～0.5kgf/cm；造纸污泥（废纸脱墨污泥）生产环保箱板纸的特性：制得的箱板纸定量：310g/m^2；紧度≥0.72g/cm^3；水分8%；耐折度14次。

2）实施例2　按废纸脱墨浆污泥30%、造纸白水回收浆20%、制浆废水回收浆20%、化学浆浆渣10%、废纸浆20%配比调制950kg混合浆，打浆至适当的叩解度混合加入35kg施胶剂烷基烯酮二聚体（AKD），4kg干强剂，纸料经圆网机上网、预压、主压、干燥、压光、卷取，复卷得到环保箱板纸1000kg。抄造上网浓度0.35%；原淀粉以一定的浓度喷射至湿纸幅上，预压加压：1$^#$自重或均加，2$^#$加压0.1～0.13kgf/m^2；主压加压0.3～0.45kgf/m^2；正压加压0.4～0.5kgf/m^2；压光加压0.3～0.5kgf/cm；造纸污泥（废纸脱墨污泥）生产环保箱板纸（C级纸管纸）的特性：制得的箱板纸定量：480g/m^2；紧度≥0.72g/cm^3；水分8%；耐折度14次，环压强度：纵向≥4.34kN/m，横向≥3.2kN/m。

3）实施例3　按废纸脱墨浆污泥20%、造纸白水回收浆30%、制浆废水回收浆20%、化学浆浆渣5%、废纸浆25%配比调制950kg混合浆，打浆至适当的叩解度混合加入35kg施胶剂烷基烯酮二聚体（AKD），4kg干强剂，纸料经圆网机上网、预压、主压、干燥、压光、卷取，复卷得到环保箱板纸1000kg。抄造上网浓度0.30%；原淀粉以一定的浓度喷射至湿纸幅上，预压加压：1$^#$自重或均加，2$^#$加压为0.1～0.13kgf/m^2；主压加压0.3～0.45kgf/m^2；正压加压0.4～0.5kgf/m^2；压光加压0.3～0.5kgf/cm。造纸污泥（废纸脱墨污泥）生产环保箱板纸（挂面箱板纸）的特性：制得的箱板纸定量250g/m^2；紧度≥0.70g/cm^3；水分8.2%；耐折度16次。

3.2.6.3　脱墨污泥生产重型纱管纸（CN 103215842 B）

华泰集团有限公司的一项技术是使用新闻纸脱墨污泥生产重型纱管纸。此技术采用的脱墨污泥是质量浓度为40%～60%的固体浆料，其固体成分中纤维含量为55%～65%，其余为灰分。其生产工艺如图3-6所示。

新闻纸污泥 → 水力碎浆机 → 叩前池 → 盘磨 → 叩后池 → 抄前池 → 调浆箱 → 冲浆泵

入库 ← 包装 ← 复卷 ← 卷取 ← 干燥部 ← 压榨部 ← 网部 ← 流浆箱 ← 稳浆箱 ← 压力筛

图 3-6 重型纱管纸生产工艺流程示意

① 将新闻纸脱墨污泥在水力碎浆机中疏解为浆料，控制浆质量浓度为 $8.0\%\sim10.0\%$，然后抽至叩前池；所述的新闻纸脱墨污泥是质量浓度为 $40\%\sim60\%$ 的固体浆料，其固体成分中纤维含量为 $55\%\sim65\%$，其余为灰分。

② 将浆料经盘磨进行打浆，具体打浆工艺如下：打浆浓度 $5\%\sim7\%$；叩解度 $8.0\sim14.0°SR$；湿重 $2.0\sim3.0g$；打浆后抽至叩后池。

③ 叩后池稳定浓度 $5.0\%\sim7.0\%$ 后，浆料抽至抄前池，然后由抄前池提浆到高位箱，在此浆料通过压力筛进入稳浆箱。

④ 在稳浆箱中加入絮凝剂，絮凝剂用量占浆料总重量的 0.45%；絮凝剂固含量大于 88%，其分子量在 $720\sim880$ 之间；然后浆料经流浆箱上网脱水后成型，成为湿纸页，其中控制上网浓度为 $5.0\%\sim7.0\%$；

⑤ 经压榨部控制好压榨压力后进行脱水。其中压榨部为三级压榨，压榨压力分别控制为 $0.5\sim1.0MPa$、$1.0\sim2.5MPa$ 以及 $1.5\sim3.0MPa$；然后在干燥部控制温度 $50\sim110℃$ 进行干燥，经卷取、复卷、包装即得到成品并入库。

上述工艺生产的重型纱管纸成纸的指标见表 3-14。

表 3-14 纱管纸成纸指标

指标名称	单位	成纸标准							
定量	g/m²	300	360	390	420	510	600	800	900
横幅定量差	%	≤5							
厚度	mm	0.38	0.40	0.45	0.50	0.60	0.70	0.90	1.00
横幅厚度差	%	≤10							
表面吸收重量	g/m²	100~550							
耐折度	次	≥1							
灰分	%	40~50							
水分	%	5~10							

3.2.7 脱墨污泥生产复合材料（CN 10540090 A）

芬欧汇川集团拥有的一项技术是利用脱墨污泥生产天然纤维塑料复合材料。此技术使用的原料为热塑性聚合物和脱墨污泥。热塑性聚合物一般为聚烯烃（如聚丙烯、聚乙烯），也包括聚苯乙烯、聚酰胺、聚四氟乙烯、聚对苯二甲酸乙二酯和聚碳酸酯等。而脱墨污泥含有有机材料、矿物和油墨。其中矿物主要为碳酸钙（通常占总含量为 $50\%\sim60\%$），其他矿物包含高岭土和滑石。有机材料主要为纤维素纤维、黏合剂、乳胶、淀粉等。而由于脱墨污泥中含有油墨，影响了复合材料产品的外观，所以一般做成两层，第一层原料为热塑性聚合物、纤维素基颗粒和矿物，第二层的原料为热塑性聚合物和干燥的脱墨污泥。成型方法一般为挤出、共挤、注塑、层叠等。

3.2.7.1 材料组成

复合材料所用的热塑性聚合物主要为聚烯烃（如聚丙烯、聚乙烯），且其熔化温度不低于 200℃。也包括聚苯乙烯、聚酰胺、聚四氟乙烯、聚对苯二甲酸乙二酯和聚碳酸酯等。脱墨污泥是指含有 25%～45% 有机材料、55%～75% 矿物和 0.01%～1% 的油墨的污泥，其纤维素纤维含量为 10%～30%。

所用的纤维素基颗粒主要为长度至少为 0.1mm、最好不短于 0.2mm 的纤维颗粒或纤维，其来源优选木质纤维，最好为具有低木素的纤维素颗粒，所以最优为化学纸浆，也可用机械浆和木屑。作为产品第一层的原料，其木素含量至少要低于 15%，更优选为小于 5%，最好小于 2%。

矿物为高岭土、硅灰石、重质碳酸钙、沉淀碳酸钙、二氧化钛、滑石、云母等，也可能使用着色剂、耦联剂、发泡剂等。

3.2.7.2 制备方法

（1）脱墨污泥脱水干燥

脱墨污泥要先进行脱水形成高固体含量的污泥，其中干固体含量约为 50%～70%；然后进行干燥，干燥后的水分要低于 15%。干燥装置可选间接干燥器、直接污泥干燥器、浆式干燥器、闪蒸干燥器、流化床干燥器、旋风干燥器、空气干燥器、空气研磨器、转子磨机、离心磨机、空气紊流磨机、空气紊流干燥器等设备或组合进行干燥。如用转子磨机，脱墨污泥在转子磨机中进行干燥时，热干燥和机械干燥同时进行，可使污泥在干燥过程中纤维化和干燥。优选干燥温度为 25～100℃ 或 100～170℃，更优选温度为 25～60℃ 或 50～100℃ 或 100～160℃。

第一层是将热塑性聚合物、纤维素基颗粒和矿物混合，第二层是将热塑性聚合物与干燥的脱墨污泥混合。

（2）成型

主要有两种方法：一种是分别挤出成型第一层和第二层复合材料，然后再用层叠法将两层黏附在一起；另一种是采用共挤的方法形成第一层和第二层。

挤出成型是将混合后的物料投入挤出机，进入加热桶加热，熔融后的混合物通过模头，使混合物形成与模头横截面相仿的轮廓，然后将产品冷却。复合材料横截面如图3-7所示。

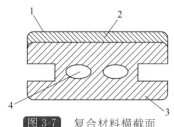

图 3-7　复合材料横截面

1—天然纤维塑料复合产品；2—天然纤维塑料复合产品的第一层；
3—天然纤维塑料复合产品的第二层；4—天然纤维塑料复合产品中的孔隙

3.2.7.3 用途

用于建筑配件，如地板、栏杆、栅栏等。

3.2.7.4 实施试验

将包含 19% 纤维素纤维的脱墨污泥与聚烯烃混合，将原料颗粒化，注塑成测试样品，脱墨污泥的含量分别为 10%、20%、50%。将纯 PP 和 PE 与滑石混合注塑成对比样品，滑石含量分别为 0、10%、20%、50%。

依据 ISO 527 和 ISO 178 测量拉伸强度和 3 点弯曲强度，结果见图 3-8。

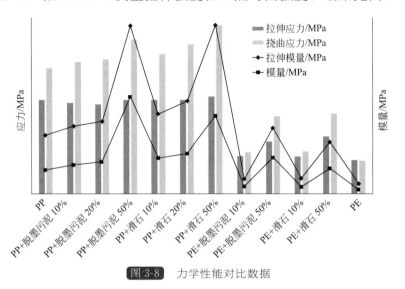

图 3-8　力学性能对比数据

依据 ISO 179 测量抗冲强度，结果见图 3-9。

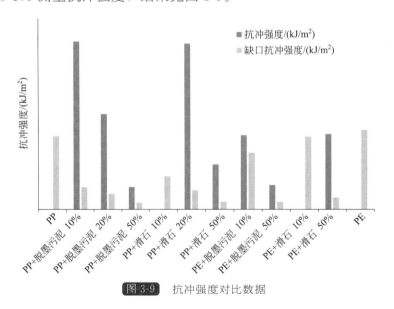

图 3-9　抗冲强度对比数据

3.2.7.5 实例

1）原料　再循环聚乙烯（PE-HD）38%，脱墨污泥 59%，耦联剂 MAHPE3%。

2）制备　将原料混合，挤出空心构型，冷却，产品如图 3-10 所示。

图 3-10　产品

3）产品性能　见表 3-15。

表 3-15　产品性能

性质	测试方法	数值
密度/(g/m³)	ISO 1183	1.34
弯曲强度/N	EN310	2400
刚度/(N/mm²)	EN310	2200
抗冲强度/(kJ/m²)	EN477	3/6 破裂
吸水性 24 小时/%	EN317	0.22
布氏硬度/(N/mm²)	EN1534	28
泰伯耐磨性（wear resistance Taber,1000r;mm）	EN438-2	0.19

参 考 文 献

[1] 许勇翔. 蔗渣浆之筛选尾浆与回收废浆抄造高强度瓦楞原纸[J]. 广西轻工业,2001,3:17-19.

[2] 覃琪河,莫凤光. 甘蔗渣制浆生产中尾浆的综合利用[J]. 中国造纸,2004,23(11):58-59.

[3] 武书彬,孔晓英,等. 脱墨污泥的化学组成与热解特性分析[J]. 中国造纸,2002,21(1):12.

[4] 陈嘉翔. 彻底消除脱墨污泥污染的研究和生产实践[J]. 中华纸业,2000,21(2):35-38.

[5] 刘贤森,江泽慧,费本华. 造纸脱墨污泥制造纤维板研究[J]. 应用基础与工程科学学报,2011,19(1):104-110.

[6] 贺进涛,武书彬,王少光. 脱墨污泥资源化利用新技术[J]. 中国造纸,2006,25(6):51-53.

[7] Dan Gavrilescu. Energy from biomass in pulp and paper mills[J]. Enviromental engineering and Management,2008,7,5:537-546.

[8] 梁立丹. 造纸工业两种剩余物的理化性质及资源化利用研究[D]. 广州:华南理工大学. 2003.

[9] 贺进涛,武书彬,郭秀强. 脱墨污泥配抄纸板的性能[J]. 纸和造纸,2006,25(6):77-80.

第4章

碱回收过程废渣综合利用技术

4.1 石灰回收工艺

4.1.1 石灰回收工艺过程概述

苛化过程中消耗生石灰（CaO）生产蒸煮用的白液，同时产生白泥。生产 1t 纸浆在碱回收过程中可产生 0.5～0.65t 的干白泥，白泥的主要成分为 $CaCO_3$。石灰回收就是在 1100～1250℃ 的高温下，把苛化工段产生的白泥又转化成为 CaO，以便重新使用于苛化过程，实现资源的循环利用。

由白泥回收生石灰，碳酸钙的吸热分解反应是主要的化学反应：

$$CaCO_3 \longrightarrow CaO + CO_2 - 177kJ/mol$$

换算后，相当于 1kg 纯 CaO 反应所需热量为 3170kJ。此外，由于白泥送去煅烧时含水 40%～50%，所以还得耗用高于此量 0.5 倍左右的热量，用于蒸发水分。$CaCO_3$ 理论分解温度为 825℃，但为得到具有反应活性的石灰，要在更高的温度下煅烧白泥。白泥煅烧的总热耗，在很大程度上取决于排入烟囱的烟气温度。一般排烟温度冷却到 150～200℃，1kg 煅烧石灰平均约耗热 10000kJ。

4.1.2 石灰回收方法

白泥的煅烧方法有转窑法、流化床沸腾炉法及闪急炉法等[1]。

4.1.2.1 转窑法

转窑法是传统的生产方法。转窑法由于操作简单，运行稳妥可靠，技术成熟。

所以在白泥煅烧石灰的过程中得到了较为广泛的应用，其生产工艺流程如图 4-1 所示。

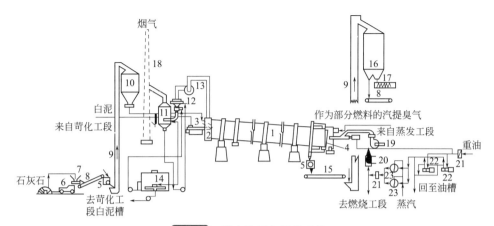

图 4-1 转窑法石灰回收系统

1—石灰回转窑；2—沉降室；3—白泥螺旋给料器；4—燃烧器；5—粉碎机；6—石灰石铲车；
7—加料斗；8—带式输送机；9—斗式提升机；10—石灰石仓；11—分离器；12—文丘里装置；
13—引风机；14—粉尘增浓器；15—耐热带式输送机；16—石灰仓；17—螺旋输送机；
18—烟囱；19—一次风机；20—电加热器；21—滤油器；22—螺杆油泵；23—重油加热器

自苛化系统来的白泥，用螺旋输送机送至圆筒形石灰回转窑的装料炉头。电动机通过减速器和齿轮传动驱动回转炉转动。减速器的无级变速装置可使回转炉的转数在 0.5～2.0r/min 的范围内变动。

在石灰回转窑内白泥的煅烧主要有 3 个阶段，即干燥段、预热段和煅烧段。从苛化工段送来的白泥一般含有 40%～50% 的水分，进入石灰回转窑后，由于炉体有一定的斜度，当炉子旋转时，白泥缓慢地向热端（炉头）移动。在高温烟气的作用下蒸发干燥并形成颗粒状白泥，横断面直径 10～20mm。这些球粒在通过整个回转石灰窑期间，均能保持自己的形状。粒化作用促使焙烧均匀，减少粉末损失。干燥后的白泥进一步预热到 600℃ 左右时，$CaCO_3$ 开始分解，在 825℃ 时，$CaCO_3$ 开始迅速分解，即进入到煅烧段，煅烧段的温度可达到 1100～1250℃。

新补充的石灰石，先经粉碎机粉碎，再用皮带运输机送入贮仓，经圆盘给料机和螺旋输送机送入炉内。进入回转石灰窑的补充石灰石量约占石灰总量的 15%。石灰石在沉降室外顶部溜入窑尾与白泥相混合。白泥与石灰石在窑内经历干燥、预热和煅烧而生成球状石灰。焙烧好的石灰，掉入冷却器。在冷却器内被进入的二次风冷却，再由冷却器掉到漏斗，经溜槽到熟料螺旋、斗式提升机等设备进石灰贮仓。

煅烧用的一次风，用鼓风机送入炉内。二次风则利用炉内所形成的抽力经冷却器进入炉内，也可专设二次风机。

烟气净化设备可用静电除尘器或文丘里旋风分离装置。烟气由炉尾进沉降室，经六管旋风除尘器和水膜除尘器，除掉其中绝大部分的粉尘，再用排烟机排入烟囱。

燃油从大贮油槽送到炉头的工作油槽，再经油泵、加热器等送到燃烧器，并由回流管回到工作油槽。

4.1.2.2 流化床沸腾炉法

流化床沸腾炉法是一种较新的白泥煅烧方法，流化床沸腾炉法白泥煅烧工艺流程如图 4-2 所示。

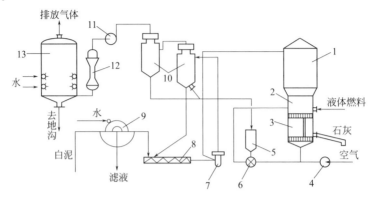

图 4-2 流化床沸腾炉法白泥煅烧工艺流程

1—沸腾炉；2—煅烧室；3—炉底小室；4—空气风机；5—进料仓；6—干白泥入炉风机；

7—粉碎机；8—螺旋混合器；9—白泥真空过滤机；10—旋风分离器；11—排烟机；

12—文丘里管；13—涡流式气体洗涤器

在图 4-2 所示的流程中，白泥在真空过滤机上脱水至含水率 30%～35% 后，进入螺旋混合器；在螺旋混合器中同时补加部分干石灰粉和用于消化的少量水，然后，将含水 8%～10% 的混合物送入粉碎机中，在其中同来自沸腾炉的高温烟气进行混合。将粉碎机中形成的细小粉尘和烟气一起送入旋风分离器。将旋风分离器捕集的粉尘（主要是碳酸钙），部分返回到螺旋混合器，部分送到进料仓。将从旋风分离器出来的烟气，通过文丘里气体洗涤系统后排空。从进料仓来的绝干粉状白泥送到流化床上后，在 850～900℃ 的高温下产生分解反应，生成 CaO，由于白泥中含有一定的残碱，在反应温度下成熔融状态，细小的粉尘颗粒互相黏结，边黏结边燃烧，在流动状态下结成石灰小球，煅烧形成的石灰颗粒由出料器排入冷却室，冷却后排出炉外。

4.1.2.3 闪急炉法

与前两种方法相比较，采用闪急炉法煅烧白泥时，白泥煅烧产生石灰的反应速率快，石灰颗粒小，基本呈粉状，所以对设备的密闭程度要求较高。闪急炉法煅烧白泥的工艺流程如图 4-3 所示。

在闪急炉法白泥煅烧系统中，苛化工段来的白泥在真空过滤机中脱水增浓后与部分干白泥混合，再与高温烟气在笼形磨中进行接触式干燥，干燥后的白泥经旋风分离器后进入干白泥贮仓。干白泥通过星形给料器和送泥风机送入闪急炉炉底，炉底旋风分离器将白泥吸入闪急炉内，与高温火焰接触进行闪急煅烧，此时炉内煅烧温度可达 1100℃，干白泥在 0.5～1.0s 的时间内即可分解为 CaO 和 CO_2。从闪急炉顶部排出的高温烟气和 CaO 粉末等经过旋风分离器分离后，CaO 经圆盘给料器等设备去石灰贮仓，而高温烟气则循环回笼形磨。

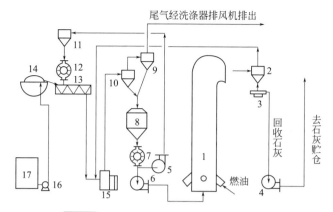

图 4-3 闪急炉法煅烧白泥生产工艺流程

1—闪急炉；2—旋风分离器；3—圆盘给料器；4—送石灰风机；5—进干白泥风机；
6—进泥风机；7，12—星形给料器；8—干白泥贮仓；9~11—二级旋风分离器；
13—螺旋输送机；14—真空洗渣机；15—笼形磨；
16—泥渣泵；17—泥渣贮槽

4.2 白泥用作脱硫剂

对于制浆造纸厂，一般都有自备热电站，其烟气必须进行脱硫净化才能排放，其中最常用的脱硫技术为石灰石-石膏法，使用的脱硫剂就是石灰石（主要成分为碳酸钙），所以研发利用白泥作为电厂脱硫剂使用，有利于制浆造纸企业的污染减排和资源综合利用。

4.2.1 湿法烟气脱硫原理

湿法脱硫是目前在实际运用中应用最广、工艺应用最多的脱硫方法，它们约占世界上现有烟气脱硫装置的 85%，其原理是：采用碱性浆液或溶液作为吸收剂在吸收塔内对含有 SO_2 的烟气进行喷淋洗涤，使 SO_2 和吸收剂反应生成亚硫酸盐和硫酸盐。常用的湿法工艺有石灰石/石膏法、钠碱法、双碱法、氨法、氧化镁法以及海水脱硫等。

而其中的石灰石-石膏湿法脱硫作为一种高脱硫率、高可靠性、高性能比的脱硫工艺，在我国火电厂脱硫系统中应用得最为广泛。截至 2008 年年底，我国 300MW 及以上的火电厂 90% 以上都采用石灰石-石膏湿法脱硫技术。根据廖永进[2]等对广东省 13 个已投入运行的石灰石-石膏湿法脱硫工程的调查研究，石灰石的费用是石灰石-石膏湿法工艺的一项主要成本，平均各工程每年的脱硫剂费用超过 1300 万元，约占脱硫装置总成本费用的 17%。因此，采用白泥代替石灰石进行脱硫有一定的经济效益。

4.2.2　石灰石/石膏湿法烟气脱硫技术

采用石灰石/石灰的浆液吸收烟气中的 SO_2，以脱除其中的 SO_2。其工艺流程是烟气先经热交换器处理后，进入吸收塔，在吸收塔里 SO_2 直接与石灰浆液接触并被吸收去除。治理后烟气通过除雾器及热交换器处理后经烟囱排放。吸收产生的反应液部分循环使用，另一部分进行脱水及进一步处理后制成石膏。具体工艺流程简图如图4-4所示。

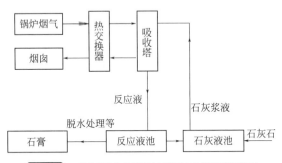

图 4-4　石灰石/石膏湿法脱硫工艺流程简图

在《火电厂烟气脱硫工程技术规范　石灰石/石灰-石膏法》（HJ/T 179—2005）中规定：为了保证脱硫石膏的综合利用及减少废水排放量，用于脱硫的石灰石中 $CaCO_3$ 的含量宜高于 90%（相当于总 CaO 高于 50.4%）。石灰石粉的细度应根据石灰石的特性和脱硫系统与石灰石粉磨制系统综合优化确定。对于燃烧中低含硫量燃料煤质的锅炉，石灰石粉的细度应保证 250 目 90% 过筛率；当燃烧中高含硫量煤质时，石灰石粉的细度宜保证 325 目 90% 过筛率。

前已述及，造纸白泥主要成分是粒度极细的 $CaCO_3$ 和少量 CaO，主要化学成分与粒径检测数据见表 4-1～表 4-3。

表 4-1　白泥与石灰石主要化学成分对比　　　　　　　　　　　　单位：%

项目	总 CaO	MgO	SiO_2	Al_2O_3	Fe_2O_3
石灰石（福建）	54.8	0.5	0.7	0.1	0.1
木浆白泥	51.0	2.8	3.4	1.4	1.2
草浆白泥	44.4	0.6	7.5～11.0	0.5	0.2

表 4-2　某公司白泥粒径检测表

粒径范围/μm	≤16	≤20	≤32	≤45
累计百分数/%	62	70	85	91

表 4-3　某公司白泥粒径分析

粒径	60 目	100 目	150 目	200 目	250 目	300 目	300 目以上
干基/%	0.3	1.8	4.1	5.6	3.6	6.5	78.2
湿基/%	0.2	1.2	2.7	3.7	2.4	4.3	85.5

表 4-1 对比数据显示，木浆白泥的主要化学成分与石灰石相近，且指标符合用作锅炉烟气脱硫剂的要求。从表 4-2 和表 4-3 的检测数据来看，白泥的粒径细度已满足或基本满足石灰石的粒径细度 325 目（$45\mu m$）且保证 90% 过筛率的要求。

吴金泉等[3]的研究表明：对木浆白泥、石灰石进行脱硫活性对比试验后发现，脱硫反应 2h 和 4h 时，木浆白泥转化率分别为 97.2% 和 98.7%，石灰石的转化率则分别为 93.8% 和 98.0%。试验结果表明，木浆白泥物理性能和化学活性要优于石灰石。综上所述，木浆白泥可以代替石灰石用作烟气脱硫剂。而对于草浆白泥，虽然其 CaO 含量没有达到技术规范的要求，但由于白泥中除 CaO 外，还含有 Na_2O 和 MgO 等成分，可以补充 CaO 的不足，所以草浆白泥也可替代石灰石做脱硫剂使用。

白泥-石膏法脱硫工艺流程设计包括烟气系统、吸收氧化系统、白泥浆液制备系统、石膏脱水系统、排放系统。工艺流程见图 4-5。

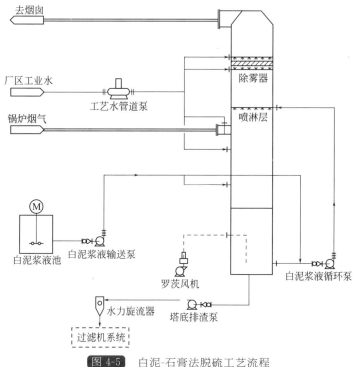

图 4-5 白泥-石膏法脱硫工艺流程

锅炉烟气经电除尘器除尘后，通过增压风机，经喷水降温增湿（或 GGH 换热器）后从中下部进入吸收塔。吸收塔内向上流动的烟气与设置在三层喷浆层中的喷嘴喷下的白泥循环浆液雾滴逆向接触，烟气中的 SO_2 及少量 SO_3、微量 HCl 和 HF 被洗涤吸收进入白泥浆液中，在液相与白泥中的 $CaCO_3$ 发生化学反应。吸收塔最下段是氧化兼贮液段，由罗茨风机鼓入空气将白泥浆液中的反应产物 $CaSO_3$ 强制氧化为石膏结晶（$CaSO_4 \cdot 2H_2O$）沉淀物。

由白浆液泵将吸收塔下部贮液段中的溶液抽出，并通过白泥浆液输送泵补入来自白泥浆液池的适量新鲜白泥浆液，新鲜白泥浆液向上输送到进入吸收塔中上部喷淋层中，经喷嘴进行雾化，可使气体和白泥浆液得以充分接触。采用单元制设计，每台白泥浆液泵只与其各自管系相连的喷淋层相连接，便于运行操作调控。含有石膏的浓白泥浆液由吸收塔底部通过排渣泵排出，然后进入石膏脱水系统，将石膏副产品含水量降至 15% 以下。脱水系统主要包括石膏水力旋流器（作为一级脱水设备）、白泥浆液分配器和真空皮带脱水机。

脱硫净化处理后的烟气流经吸收塔上部的除雾器，将其所携带的白泥浆液雾滴除去。除雾器按设定程序采用工艺水进行冲洗，即可防止除雾器堵塞，同时又作为系统补充水，以稳定吸收塔液位。

出吸收塔的洁净烟气温度约 $50 \sim 52℃$，水蒸气饱和，洁净烟气通过烟道进入烟囱排向大气。必要时，可通过设置 GGH 换热器将烟气加热到 $75℃$ 以上，以提高烟气的抬升高度和扩散能力。

造纸白泥脱硫装置，设计上少了石灰石-石膏法中的石灰石原料破碎与筛分系统，也相应节省了用于购买石灰石原料的运行费用，因此投资与运行费用均相应降低。

某环保设备工程有限公司于 2004 年 5 月在国内率先将白泥试用作某造纸企业 2 台 20t/h 锅炉烟气的脱硫剂，在对脱硫吸收塔及配套装置进行了多次研究和改进后，开发了与白泥或石灰石（石灰）配置的高效空塔喷淋烟气脱硫装置。迄今，该脱硫装置已在国内 280t/h 及以下的锅炉烟气脱硫装置中推广应用，均使用木浆白泥，产值逾 1.2 亿元，为 SO_2 污染物的减排工作做出了贡献。2009 年 2 月，该环保设备工程有限公司的"造纸白泥烟气脱硫技术"被评为国家重点环境保护实用技术（B 类），在山东某公司实施的"锅炉烟气白泥/石膏法脱硫净化系统工程"，被评选列入"2009 年国家重点环境保护实用技术示范工程"。

以福建省某纸业股份有限公司 150t/h 锅炉烟气脱硫工程为例，该工程竣工后于 2010 年 8 月进行了 168h 试运行，表明：在锅炉 64% 以上负荷运行状态下，白泥脱硫剂均能使烟气脱硫达标。

多家造纸企业的应用实践证明，白泥脱硫在技术上是可行的，不仅脱硫效率高，而且操作控制容易。白泥脱硫是一个以废治废的典型例子。在经济性方面，利用白泥脱硫可减少白泥填埋的成本，另外用白泥代替其他脱硫剂，可节约采购脱硫剂的费用。

4.3　以白泥为原料制作页岩砖

4.3.1　技术原理

页岩的主要矿物成分是伊利石、高岭石、石英及少量方解石等，化学成分主要为 SO_2、Al_2O_3、Fe_2O_3、K_2O、Na_2O、CaO、MgO 等，苛化白泥的主要成分是粒度为

小于 $50\mu m$ 的 $CaCO_3$，另有少量残碱，在砖坯烧结过程中微细的 $CaCO_3$ 被分解成 CaO，CaO 和页岩中的石英、黏土矿物反应，就生成硅灰石、长石类矿物相，从而增强页岩砖的强度。

4.3.2 工艺流程

页岩取自某页岩砖厂。按照页岩砖生产工艺，将页岩粉碎至粒径小于 2mm，按不同配比将干燥后的碱回收苛化白泥加入页岩中混合，加适量水搅拌均匀，放入钢模中在 10MPa 压力下压制成型，在 105℃ 下干燥至含水率小于 2%，放入箱式电阻炉内，依据烧成制度（升温速率均为 5℃/min），在程序控温下保温一定时间，待自然冷却后取出，可以得到页岩砖[4]。

4.3.3 影响页岩砖抗压强度的因素

（1）原料配比
图 4-6 为白泥掺量对页岩砖抗压强度的影响。

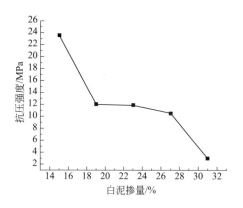

图 4-6　白泥掺量对页岩砖抗压强度的影响

由图 4-6 可知，随着白泥掺量的逐渐增加，烧结砖的抗压强度逐渐下降。随着页岩砖生坯中白泥掺量的增加，未与页岩反应的 f-CaO 逐渐增多，致使白泥分解产生微小孔洞，页岩烧结产物在烧制品中的不连续部分面积逐渐增大，与未发生固相反应的颗粒结合强度逐渐变小，因此抗压强度逐渐降低，在白泥掺量达到 31% 时，抗压强度已低于 5MPa，不能达到要求。在纯页岩砖的烧结温度下（一般为 950～1100℃），当白泥掺量在 15% 时，其抗压强度可以达到烧结普通砖国家标准（GB 5101—2003）中的 MU20 的强度等级；在白泥掺量低于 27% 时，强度可以达到标准 MU10 等级。

（2）烧结温度、保温时间
烧结温度、保温时间对页岩砖抗压强度的影响见图 4-7 和图 4-8。

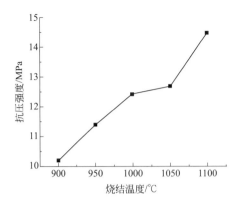

图 4-7 烧结温度对页岩砖抗压强度的影响

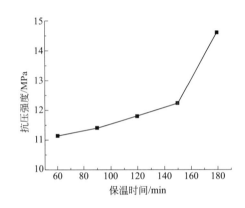

图 4-8 保温时间对页岩砖抗压强度的影响

由图 4-7 和图 4-8 分析得出，随着烧结温度提高，保温时间延长，页岩砖的抗压强度均逐渐增大。这是由于在烧结过程中，苛化白泥和页岩中的组分在高温下发生固相反应，生成硅灰石（$CaSiO_3$）、钙铝黄长石（$Ca_2Al[AlSiO_7]$）、钙长石（$Ca[Al_2Si_2O_8]$），苛化白泥中的残碱与黏土矿物反应生成稳定的钠长石（$Na[AlSi_3O_8]$），这些稳定矿物的生成都有利于砖的机械强度提高。随着烧结温度的提高，保温时间的延长，会使这些反应更彻底，从而产生了更多的增加砖抗压强度的物相。

对页岩砖 XRD 的分析表明，在白泥掺量为 15% 时，烧结砖主要是石英、长石及少量硅灰石物相。随着烧结温度的增高和煅烧时间的延长，长石类的衍射峰逐渐增强，而页岩烧结砖的石英特征衍射峰强度逐渐降低，且无 f-CaO 特征衍射峰，说明掺入的苛化白泥与页岩中的矿物发生了固相反应，这正是烧结砖抗压强度随烧结温度和保温时间的升高及延长而增大的主要原因。在烧结温度为 1100℃ 时，烧结砖的主要物相有石英、钙长石、钙铝黄长石等。随着白泥掺量的提高，其烧结砖中石英相逐渐减少，而长石类及 f-CaO 逐渐增加。由于 f-CaO 的增多，使其强度逐渐变小，导致白泥掺量超过 27% 后烧结砖强度的急剧降低。

采用正交试验得到如下结论：对烧结砖抗压强度的影响程度由大到小的因素是白泥掺量、烧结温度、保温时间，白泥掺量对烧结砖抗压强度的影响远大于烧结温度和保温时间；最优方案为白泥掺量 15％、在 1100℃下保温 3h 的烧结砖性能较好，该条件下所烧制的烧结砖的抗压强度为 34.6MPa，达到烧结普通砖国家标准（GB 5101—2003）中的最高标准 MU30 要求。

利用白泥与页岩生产烧结砖时，苛化白泥掺量大，实现了苛化白泥的资源化利用，符合固体废弃物综合利用应立足于能大量消耗、利用彻底、不产生二次污染，产品销路广，生产工艺简单的原则，并具有节土的优势，符合我国可持续发展的政策。

4.4　利用白泥作为水泥原料

4.4.1　技术原理

非木纤维制浆由于碱回收白泥的硅含量较高使其无法在石灰窑中煅烧以回收石灰，所以造成了二次污染。利用碱回收白泥作为生产水泥的原料不仅可以减少二次污染，还可以节约大量碳酸钙资源。生产硅酸盐水泥的主要原料是石灰质原料（主要供给氧化钙）和硅铝质（通常用黏土）原料（主要供给二氧化硅、氧化铝及少量氧化铁）。其中石灰质原料是水泥生产中用量最大的一种原料，而石灰质原料主要是石灰石。

水泥生产用石灰石原料的质量要求见表 4-4。

表 4-4　石灰石的质量要求　　　　　　　　　　　　单位：%

名称	品位	CaO	MgO	R_2O	SO_3	燧石或石英
石灰石	一级品	>48	<2.5	<1.0	<1.0	<4.0
	二级品	45~48	<3.0	<1.0	<1.0	<4.0

注：R_2O 代表 Na_2O 和 K_2O 的总量。

从上述两表中可以看出，白泥中的氧化钙含量完全可以满足水泥生产用石灰石原料的质量要求，但白泥中残碱与非 $CaCO_3$ 杂质会在水泥生产过程中带来熔融物形成结圈问题。利用水泥立窑排放的有余热的烟道气，通过高效流化床干燥器干燥白泥，降低白泥的干燥成本；由于烟道气含有酸性气体二氧化碳、二氧化硫，在干燥的过程中除去白泥中的残碱。干燥后得到除碱后的白泥，与其他的黏土、石膏、煤、萤石等原料混合，均化，在立窑烧成熟料，最后经水泥磨就可以得到建筑水泥。

4.4.2　工艺流程

如图 4-9 所示，将碱回收白液（含碱重量百分含量为 0.3％~0.5％）置于真空吸滤机过滤，得到含水量低于 30% 的白泥浆料，运到水泥厂原料堆场，通过输送机输送到流化床干燥器，在流化床干燥器与水泥立窑烟道气接触，由于水泥立窑烟道气含有酸性气体二氧化碳、二氧化硫，干燥后可得到除碱后的白泥，气体从高效流化床干燥器上方出口用抽风机引出，经过旋风除尘器分离，进一步回收细小颗粒的白泥，与高效流化床干燥器底部的粗颗粒混合，一起送到水泥厂生料车间。干燥并除碱后的白泥与其他的黏土、石膏、煤、萤石等原料混合，均化，在立窑烧成熟料，最后经水泥磨，就可以得到建筑水泥[5]。

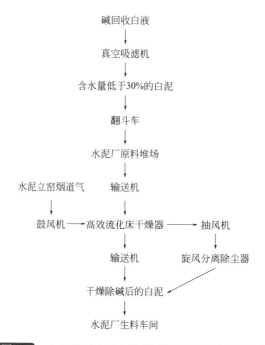

图 4-9　白泥利用水泥立窑烟道气干燥除碱工艺路线

该工艺的水泥立窑烟道气出口温度一般为 800～1100℃，白泥浆料在流化床干燥器内的平均停留时间为 5～10min，干燥后得到的白泥含水量为 1％～3％，碱含量可以减少到 0.1％～0.3％，烟道气出口的二氧化碳、二氧化硫酸性气体含量也大量减少，达到了白泥综合利用同时又减少水泥生产中二氧化硫气体排放的目的。

4.4.3　工艺的特点

① 充分利用了造纸厂的废弃物白泥，减轻了白泥排放的污染危害，还可以为水泥厂提供碳酸钙资源。

② 充分利用和节省能源，以往很多水泥厂烟道气出口热能都没有加以利用，本技术用于白泥浆料干燥，一方面得到水泥原料，另一方面利用了废热，还净化了水泥立窑烟道气，减轻了酸性废气对环境的污染，立窑烟道气的粉尘也在该系统中得到净化，排放的烟气中污染颗粒也大量减少。

广西某公司，将烘干的造纸厂白泥代替部分石灰石，白泥添加量控制在生料量的8%～12%，用于干法立窑水泥的生产。在综合利用造纸制浆碱回收白泥中碳酸钙资源的同时，可以降低能耗，使废物变为有用的资源，还可以获得部分利润。

4.5 利用白泥制备轻质碳酸钙

4.5.1 利用白泥制备轻质碳酸钙的原理

轻质碳酸钙（light calcium carbonate）又称沉淀碳酸钙（precipitated calcium carbonate，PCC）。轻质碳酸钙是用化学加工方法制得的。由于它的沉降体积（2.4～2.8mL/g）比用机械方法生产的重质碳酸钙沉降体积（1.1～1.9mL/g）大，因此被称为轻质碳酸钙。

轻质碳酸钙的作用及用途非常广泛，可用于以下行业。

1）橡胶行业　碳酸钙是橡胶工业中使用量最大的填充剂之一，碳酸钙大量填充在橡胶之中，可以增加制品的容积，从而节约昂贵的天然橡胶达到降低成本的目的，碳酸钙填入橡胶能获得比纯橡胶硫化物更高的抗张强度、耐磨性、撕裂强度，并在天然橡胶和合成橡胶中有显著的补强作用，同时可以调整稠度。

2）塑料行业　碳酸钙在塑料制品中能起到一种骨架作用，对塑料制品尺寸的稳定性有很大作用，能提高制品的硬度，还可以提高制品的表面光泽和表面平整性。在一般塑料制品中添加碳酸钙可以提高耐热性，由于碳酸钙白度在90%以上，还可以取代昂贵的白色颜料起到一定的增白作用。

3）涂料行业　碳酸钙在涂料行业中的用量较大，是不可缺少的骨架，在稠漆中用量为30%以上，酚醛磁漆中用量4%～7%，酚醛细花纹皱纹漆中用量39%以上。

4）水性涂料行业　在水性涂料行业的应用，用途更为广泛，能使涂料具有不沉降、易分散、光泽好等特性，在水性涂料用量为20%～60%。

另外，碳酸钙在造纸工业起重要作用，能保证纸的强度、白度，成本较低。在电缆行业能起一定的绝缘作用，还能作为牙膏的摩擦剂。

造纸白泥的主要成分是碳酸钙，但还有铁离子、少量的硅酸钙和微量的其他物质，如表4-5所列。

表 4-5　白泥主要成分[6]

成分名称	烧失量	SiO_2	Al_2O_3	Fe_2O_3	CaO	MgO	SO_3	合计
成分含量/%	41.5	0.94	0.77	0.51	53.32	1.15	1.44	99.63

表 4-6 和 4-7 是化工行业用碳酸钙部分指标及碳酸钙等级分类。

表 4-6　碳酸钙化工行业标准部分指标[7]

项目	沉淀碳酸钙			重质碳酸钙		
	优等品	一等品	合格品	优等品	一等品	合格品
$Ca_2CO_3/\%$	≥98.0	≥97.0	≥96.0	≥98.0	≥96.0	≥94.0
pH 值(10%悬浮液)	9.0～10.0	9.0～10.5	9.0～11.0	8.0～10.0	8.0～10.0	
Fe/%	≤0.08	≤0.10	≤0.12	≤0.025	≤0.10	
灼烧减量/%				43.0～44.5	42.0～44.5	41.0～44.5
>125μm 粒子/%	≤0.005	≤0.010	≤0.015	≤0.005	≤0.5	
>45μm 粒子/%	≤0.30	≤0.40	≤0.50	≤0.5	≤90.0	

表 4-7　碳酸钙等级分类[8]

等级	微粒	微粉	微细	超细	超微细
平均粒径(ϕ)	$\phi>5\mu m$	$1\mu m<\phi<5\mu m$	$0.1\mu m<\phi\leq1\mu m$	$0.02\mu m<\phi\leq0.1\mu m$	$\phi\leq0.02\mu m$

如将表 4-6 中的 CaO 换算成 $CaCO_3$，则白泥的 $CaCO_3$ 含量为 96.28%，基本达到了表 4-7 中化工行业用沉淀碳酸钙合格产品的 $CaCO_3$ 含量标准。何文等[9]在对山东某利用麦草制浆的造纸公司的白泥进行分析时发现，白泥粒度≤2μm 的颗粒达到 85% 左右。通过激光粒度仪对某公司的白泥进行分析的时候也发现，白泥的平均粒径为 4.28μm（3500 目），粒径大于 45μm 粒子的体积分数几乎为 0。仅从粒径上来看，白泥可算是一种微粉碳酸钙，且该粒径指标已经超过了化工行业碳酸钙优等品的标准。

利用造纸白泥精制碳酸钙需要解决白泥的白度、杂质和白泥颗粒度及粒子匀整性等问题。

白泥的白度一般只有 80% 左右，不符合作为填料的要求，导致白度低的原因是：绿液、石灰带进来的炉渣粒、炭粒、石灰渣等及绿液中存在的有色物质，在苛化反应时混入白泥颗粒中，目前提高白泥白度从两方面入手：一是改进绿液处理工艺；二是提高石灰的质量。

商品轻质碳酸钙的纯度要求达到 98% 以上，对于盐酸不溶物、氧化铁、锰、游离碱、沉积体积都有一定要求。而白泥的碳酸钙含量不高，盐酸不溶物（主要是硅酸钙）也超过标准，由于硅酸钙与碳酸钙的物理、化学性质都非常相似，要用机械分离很困难。对于硅酸钙要求不高的造纸行业，产品对盐酸不溶物的指标可作适当的放宽，但过高的硅酸钙等杂质含量会对抄纸湿部化学带来负面影响。因而必须加强绿液的提纯处理，才能有效地控制硅杂质的含量。

碳酸钙作为无机填料来使用，对粒度及粒度分布有较高的要求，而现有苛化产生的白泥碳酸钙粒度大、粒子匀整性差，不适合作为填料。因此，白泥需进一步加工才能得到可以做填料的轻质碳酸钙。

4.5.2 利用白泥制备轻质碳酸钙的工艺

4.5.2.1 白泥高效碳化制备轻质碳酸钙技术

利用碱回收白泥生产轻质碳酸钙并作为纸张填料的研究从 20 世纪 80 年代就开始了，白泥高效碳化制备轻质碳酸钙的工艺流程如图 4-10 所示。

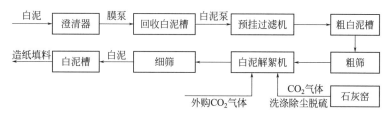

图 4-10 白泥高效碳化制备轻质碳酸钙工艺流程

为提高苛化反应绿液和石灰的品质，在相关工艺中新增了板式换热器、绿液澄清器、预挂式绿泥过滤机、预挂式白泥过滤机等设施，优化了蒸发黑液流程，通过对设备改造与工艺优化等措施，明显改善绿液澄清效果，减少了进入苛化系统的炉渣粒、炭粒、石灰渣粒。

为了保障石灰品质，研制了一种特殊的圆筛，安装在石灰窑中，确保石灰的洁净度，也大大降低了白泥残碱，为白泥回收轻质碳酸钙的实施提供了有利条件。

采用一种悬浮乳液白泥净化设备，对白泥进行深度净化，去除白泥中夹带的微小煤粒、炭粒、炉灰、油烟子、炭黑等细小的有色粒子，提高了白泥的纯度和白度。

采用高效碳化法调整白泥的 pH 值，使 pH 值控制在 8～11。

二氧化碳的制备：在煅烧石灰石时，排出的窑气中含有大量的二氧化碳，窑气经除尘、脱硫、加压处理（见图 4-10），可得到体积分数约 25％的二氧化碳气体（二氧化碳不够时外购补充）。碳化的主要工艺条件：碳化液质量分数 15％，温度 40℃，时间 15min，终点 pH 值为 8～10。

白泥的高强分散与匀整处理是在白泥匀整机中进行，控制好匀整工艺可得到平均粒度适中、表面带正电荷的超细活性碳酸钙产品。调节该产品的浓度至 18％～20％直接送造纸辅料中心。

白泥制得浆状碳酸钙物化数据如表 4-8 所列，由表可知浆状碳酸钙物化数据可达企业标准要求。

表 4-8 白泥制得浆状碳酸钙物化数据

项目	标准值	实测值
碳酸钙(以干基计)/%	≥92.0	95.6
浓度/°Bé	18～22	20
325 目筛余物/%	≤0.5	0.3

项目	标准值	实测值
沉降体积/(mL/g)	≥2.5	2.6
pH 值	8~11	10.3
白度/%	≥88.0	90.4
二氧化硅/%	≤6.0	0.5

注：标准为企业标准 Q/JASL 031—2007。

4.5.2.2　白泥综合治理制备轻质碳酸钙

白泥综合治理制备轻质碳酸钙技术是在综合考虑了碱回收苛化技术、PCC 生产技术、造纸湿部化学及加填生产技术的基础上研发出的一套适合我国制浆原料结构的碱回收白泥综合治理技术。该技术从苛化反应即开始控制，其工艺过程是由苛化技术的优化和对苛化后生成的优质白泥粗品进行精制处理两部分组成。通过工艺调整，为满足造纸机加填工艺要求而"定制"碱回收白泥精制碳酸钙，最大限度地满足碱回收白泥精制碳酸钙的使用要求。

白泥精制碳酸钙属于沉淀碳酸钙，生成方法、化学成分与商品 PCC 相同，其性能指标相近。白泥精制碳酸钙主要质量技术指标有 $CaCO_3$ 含量、CaO 含量、HCl 不溶物含量、筛余物、沉降体积、粒度、晶型、吸油值、白度、水分含量等。

由于碱回收苛化生产工艺的需要以及白泥生产环境的原因，白泥精制碳酸钙具有比 PCC 更强的团聚性。其工艺生产路线为：对从碱回收燃烧工段来的绿液，用专用提纯剂＋石灰乳辅助剂＋离子屏蔽剂进行提纯处理，使绿液中的固体杂质、硅杂质及大部分金属离子杂质等得以去除；对传统苛化工艺进行优化，控制苛化反应，增设晶控、除灰过程等，使苛化产生的白泥达到白泥精制碳酸钙生产的品质要求；苛化后产生的白液回用到制浆车间，生产的合格白泥粗品进一步进行精制。优化改造后的苛化流程见图4-11。

在白泥精制方面，对白泥精制得到的碳酸钙进行匀整处理，在控制尘埃的同时，使得白泥精制碳酸钙的粒子粒径均一，而且实现 20 级到 65 级可控，生产的浆状成品，直接送抄纸车间代替商品碳酸钙加填使用；对处理后的白泥精制碳酸钙进行干燥及干粉粉碎和分级等处理，生产出各种粒级的白泥精制碳酸钙，实现白泥精制碳酸钙产品的商品化。白泥精制轻质碳酸钙工艺流程见图 4-12。

（1）技术要求

① 石灰作为苛化的主要原料对白泥的质量起关键性的作用，一方面要求按工艺要求选用优质的生石灰原料，另一方面在生产过程中需要做必要的分级处理，以提高石灰的的品质。在白泥精制碳酸钙项目中原则上要求石灰的氧化钙含量在 85％以上。

② 绿液提纯处理包括石灰乳液的加入和绿液提纯剂（专用助剂）的添加与反应等。

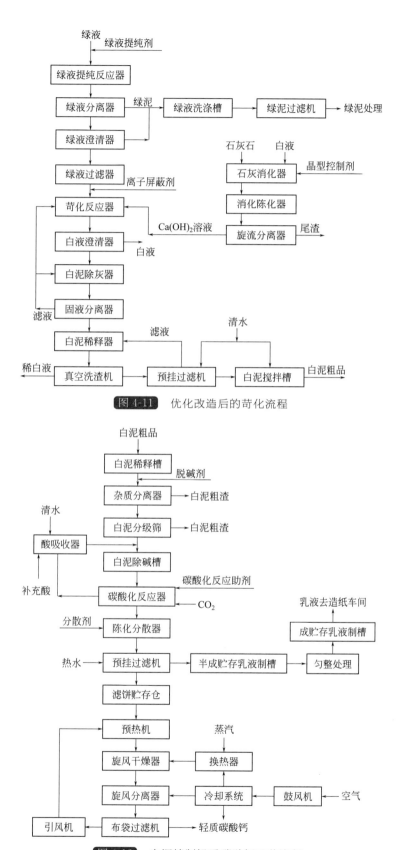

图 4-11 优化改造后的苛化流程

图 4-12 白泥精制轻质碳酸钙工艺流程

③ 苛化新技术：减少白泥中离子杂质的带入，优化白泥粒子晶型（柱状、纺锤状等轻质碳酸钙晶粒）的产生。同时通过对苛化工艺的调整，确保不影响碱回收生产过程的顺利进行。

④ 白泥除灰：在苛化工艺过程中增设除灰的工序，将苛化工艺所需的过量灰尽可能去除，确保白泥碳酸钙精制生产和苛化石灰消耗的成本控制。

⑤ 白泥除杂：除杂过程融合在苛化与精制的环节中，采用旋液分离器进行离心分离，采用分级筛进行过筛分离等。

⑥ 除碱过程和碳酸化处理过程的强化，使得成品的 pH 值可实现 7～10 之间的可调，同时有效地改善了盐酸不溶物的特性（硅酸钙变为硅酸），使盐酸不溶物指标对抄纸过程的影响大大地降低。

⑦ 通过增设洗涤脱水和热处理工艺过程，使得白泥碳酸钙中的离子杂质得到去除或使其活性得到降低，大大地降低了白泥碳酸钙中的离子杂质对抄纸湿部化学的干扰。

⑧ 白泥匀整机的采用，使得白泥碳酸钙粒子粒径可实现 20 级到 65 级可控。

⑨ 经过以上步骤处理后的白泥碳酸钙产品的浓度调至 18％～20％后即可直接送抄纸车间作纸页加填使用。

（2）技术特点

① 从白泥精制碳酸钙质量技术指标的分析着手，深入研究白泥精制碳酸钙生产工艺及生产环境要求，以满足产品的特殊要求。

② 为生产合格的白泥精制碳酸钙，该技术从苛化开始就有效控制白泥粗品的品质。

③ 该技术解决了碱回收苛化生产及碱液质量与高品质白泥粗品生产的问题，使得苛化碱回收率稳中有升，碱液质量明显提高。

④ 白泥精制工艺在确保浆状产品洗净度的同时，重点对白泥精制碳酸钙进行碳酸化修整，使白泥精制碳酸钙的物理指标提高，特殊性质得到改善，从而满足用户的使用要求。

⑤ 该技术重点解决了白泥精制碳酸钙加填对纸张施胶度的影响、对纸张表面强度的影响以及对抄纸湿部化学的影响，从而有效地提高了填料用量，为制浆造纸企业白泥精制碳酸钙的生产与应用提供了保证。

4.6 白泥用作厌氧产沼促进调节剂

4.6.1 有机物厌氧产生沼气的过程

有机物厌氧产生沼气的过程可由 Zeikus 的四阶段理论进行解释，包括水解、酸化、产氢产乙酸和产甲烷阶段（图 4-13）。

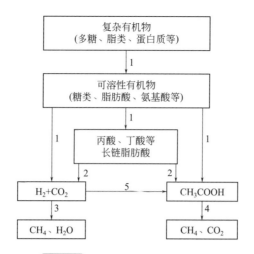

图 4-13 四阶段产甲烷理论示意

1—发酵型细菌；2—产氢产乙酸菌；3—食氢产甲烷菌；
4—食乙酸产甲烷菌；5—同型产乙酸菌

（1）水解阶段

水解阶段是在微生物胞外酶的作用下将复杂的非溶解性有机物分解为简单的溶解性有机物的过程。由于细胞膜具有选择透过性，是很好的分子筛，只允许小分子物质通过，因此分子量较大的有机物无法透过细胞膜，只有经过水解作用将大分子物质转化为小分子物质后才能为微生物所利用。

（2）酸化阶段

酸化阶段是在酸化菌的作用下将水解产物摄入细胞内，将其进一步分解为小分子物质并排出细胞的过程。这一阶段代谢产物包括脂肪酸、醇类、氢气、硫化氢等。

（3）产氢产乙酸阶段

产氢产乙酸阶段是在产氢产乙酸菌群的作用下将上一阶段的代谢产物醇类和各种脂肪酸等物质转化为 CH_3COOH、H_2 和 CO_2 等物质的过程。由于上述两个阶段均有大量有机酸产生，系统内部 pH 值有所下降。而随着有机酸消耗和含氮化合物脱氨基作用，消化液内部有机酸浓度降低，同时又产生氨气，系统内部 pH 值上升。

（4）产甲烷阶段

产甲烷阶段是在产甲烷菌的作用下将上两阶段产生的低分子产物（如甲醇、甲酸、乙酸、氢气和二氧化碳等）转化为甲烷的过程。参与该代谢过程的是两种不同类型的产甲烷菌：一种是利用氢气和二氧化碳合成甲烷的产甲烷菌；另一种是利用乙酸或乙酸盐的脱羧途径合成甲烷的产甲烷菌。前者产甲烷量约占总产量的 1/3，后者产甲烷量约占总产量的 2/3。

厌氧消化体系的正常运行需要稳定的内环境，与 pH 值、碱度、氧化还原电位（ORP）等因素密切相关。pH 影响消化体系中微生物活性、酶活性和中间产物的存在形式。非产甲烷菌和产甲烷菌适宜的 pH 值分别是 3.5～8.5 和 6.5～8.0，偏离各自范围时，代谢将受到抑制。在酸性生境中，挥发性有机酸（VFAs）以分子形式存在，可以通过细胞膜进一步被利用；当 pH 值呈碱性时，VFAs 呈电离子体，难以透过细胞膜。当 pH 值大于 7.8 时，NH_4^+ 可转化为 NH_3，对厌氧系统产生一定的毒性作用。VFAs 容易积累，加速 pH 值下降，影响产甲烷菌的活性。有机酸的积累是影响厌氧消化体系稳定性和产气性能的重要原因之一，也是国内外厌氧消化研究所面临的主要问题。

造纸白泥的主要成分是 $CaCO_3$，同时含有 $Ca(OH)_2$、$NaOH$ 等碱性物质，可作为外源钙基添加剂，起到缓冲酸化过程和补充无机营养元素的作用，提高厌氧消化体系的产气能力。

4.6.2 餐厨垃圾消化过程中添加造纸白泥的影响

研究表明，在餐厨垃圾消化过程中分别添加 $CaCO_3$、$NaHCO_3$、造纸白泥（LMP）和鸡蛋壳对应试验组的甲烷累积量如图 4-14 所示，对应的单位挥发性固体（VS）产生的甲烷量（甲烷产率）分别是 194.43mL/g VS、152.32mL/g VS、241.61mL/g VS、184.19mL/g VS[10]。

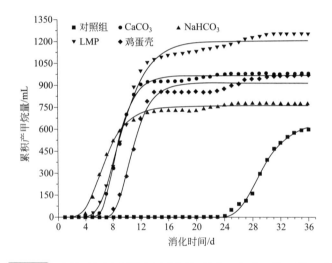

图 4-14 添加剂对餐厨垃圾中温厌氧消化累积产甲烷量的影响

可以看出，在这些钙基添加剂中，较对照组的甲烷累积量和甲烷产率（647.85mL，129.57mL/g VS）相应地分别提高 50.1%、17.6%、86.5%、42.2%。这表明钙基添加剂和 $NaHCO_3$ 对餐厨垃圾厌氧产甲烷均具有一定的增强效果，因为它们本身均具有一定碱性，在酸性环境中均能起到不同程度的缓冲作用。这几种碱性添加剂中添加造纸白泥后的产甲烷量最大。

采用不同初始浓度的白泥作为碱性添加剂的研究结果如图 4-15 所示，可以看出：造纸白泥初始浓度为 10g/L 时的产甲烷量最大。

上述研究表明，造纸白泥可以作为厌氧消化中的碱性添加剂，可以促进甲烷产量的提高。

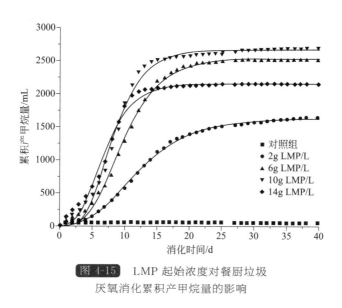

图 4-15　LMP 起始浓度对餐厨垃圾
厌氧消化累积产甲烷量的影响

4.7　白泥用作钙基催化剂

钙基固体碱催化剂具有反应条件温和、催化活性高、易于分离、环境友好、可循环使用以及原料来源广泛等特点，是一类非常具有工业化应用前景的催化剂。钙基固体碱催化剂大致可分为单纯的氧化钙（CaO）、钙的复合物、以 CaO 为载体的负载型固体碱、以 CaO 为活性组分的负载型固体碱和富含钙的废弃物 5 类。

酯交换反应得到的生物柴油黏度与产业需求接近，十六烷值达到 50 以上，且工艺操作较为简单、过程容易控制，是目前生产生物柴油最主要的方法。催化剂为保障酯交换反应顺利进行，起到至关重要的作用。与酸性催化剂和生物酶相比，目前工业生产生物柴油采用的均相碱催化剂如 KOH、NaOH、甲醇钠（$NaOCH_3$），具有催化酯交换效率高、反应条件温和等优点，但会使酸值较高和含水量较大的原料油生成皂角，同时反应产物需要进行水洗，产生大量含碱废水，污染环境，且催化剂无法重复使用。固体碱催化剂催化酯交换反应，反应产物易于分离，不污染环境，可循环重复使用，能较好地克服均相碱存在的问题，受到越来越多的关注。

造纸白泥不仅含有丰富的钙基物质，而且具有发达的孔隙结构。从组成成分和微观结构来看，造纸白泥具备作为钙基固体碱催化剂的条件。将造纸白泥应用于催化酯交换反应生产生物柴油，不但可开辟造纸白泥资源化利用的新途径，而且能够降低生物柴油的生产成本。

4.7.1　白泥钙基催化剂制备方法

造纸白泥的主要成分为 $CaCO_3$，$CaCO_3$ 碱性强度小，且无催化活性，因此需要对造纸白泥进行预处理。催化剂制备：将造纸白泥置于 105℃ 鼓风干燥箱中烘干，研磨筛分至粒径小于 0.125mm，然后采用马弗炉进行煅烧，得到的钙基固体碱密封后放入干燥器中备用。

研究表明，采用 800℃ 与 900℃ 煅烧处理造纸白泥，其物相成分均为 CaO，且 800℃ 的 CaO 衍射峰型规整，基线平稳，表明其物相结晶度良好。

表 4-9 说明煅烧温度升高至 900℃ 时，CaO 的孔道可能发生坍塌，颗粒之间聚合造成烧结，导致比表面积和比孔容积下降。

表 4-9　800℃ 与 900℃ 煅烧白泥的比表面积、比孔容积和平均孔径

催化剂	比表面积/(m²/g)	比孔容积/(cm³/g)	平均孔径/nm
LM800	5.17	0.023	12.49
LM900	2.42	0.011	11.47

4.7.2　白泥催化剂的催化性能

通过催化花生油与甲醇进行酯交换反应，表明：煅烧温度为 800℃ 得到的 CaO，可实现 90.51% 转化率。而煅烧温度为 900℃ 得到的 CaO，转化率仅为 79.11%，降低了 11.4%[11]。

在最佳反应工况下，对比 800℃ 煅烧白泥和分析纯 CaO 为固体碱的重复使用性能，实验结果如图 4-16。可以看出，800℃ 煅烧白泥使用 5 次后，酯交换转化率降低 9.88%，而分析纯 CaO 的转化率降低了 11.84%。表明 800℃ 煅烧白泥具有更优良的重复使用性能。

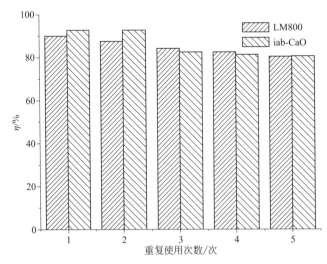

图 4-16　800℃ 煅烧白泥和分析纯 CaO 为固体碱的重复使用性能

在保证反应条件温和的前提下，缩短 CaO 催化酯交换的反应时间，提高酯交换反应速率，降低催化剂和甲醇用量，仍然是 CaO 在实际工业应用中面临的挑战。通过负载 KF 或金属氧化物 SrO 可提高 CaO 催化活性。

研究表明：负载 KF 改性造纸白泥催化剂（600℃ 煅烧），其比表面积和比孔容积分别降低为 $1.02m^2/g$、$0.0046cm^3/g$，但负载 KF 后，出现新物相 $KCaF_3$ 和 K_2O，且碱性强度增大。$KCaF_3$ 中 Ca^{2+} 是强路易斯酸性位，可有效地吸收 CH_3O^-；F 的电负性比 O 强，能够吸引质子 H^+。因此 $KCaF_3$ 可以很容易地将 CH_3OH 转化为甲氧基离子 CH_3O^- 和 H^+。该催化剂催化花生油与甲醇酯交换反应，可得到 99.09% 的酯交换转化率，表明固体碱碱性强度是决定催化活性的首要原因。

固体混合法制备的 Sr/Ca-SM 是由 SrO 和 CaO 机械研磨混合制成，SrO 和 CaO 之间相互作用较弱，SrO 不能有效地固定 CaO，导致催化活性位流失严重。理论上共沉淀法制备的 Sr/Ca-CP 催化酯交换的稳定性应强于 Sr/Ca-SM。共沉淀法采用 Na_2CO_3 为沉淀剂，Na^+ 在洗涤过程中不能完全去除，残留的 Na^+ 会溶解到酯交换反应体系中，造成均相催化，进而抑制 Sr/Ca-CP 的重复使用性能，导致其稳定性弱于 Sr/Ca-SM。改进共沉淀法以 $(NH_4)_2CO_3$ 为沉淀剂，残留在前驱体中的 NH_4^+ 和 CO_3^{2-} 在高温活化过程中能够彻底分解，不影响 Sr/Ca-ICP 催化酯交换的稳定性。同时 $(NH_4)_2CO_3$ 分解产生的 CO_2 和 NH_3 有利于 Sr/Ca-ICP 形成丰富的微观孔隙结构。

当活化温度为 900℃，Sr/Ca 摩尔比为 0.5 时，通过改进共沉淀法制备得到 0.5Sr/Ca-ICP900，催化棕榈油与甲醇进行酯交换反应，其活性位流失导致的均相催化贡献仅为 3.16%，在重复使用 6 次后酯交换转化率依然能保持在 92% 以上。

表 4-10 造纸白泥水洗不同次数的 XRF 分析结果

样品	化学成分组成(质量分数)/%						
	SiO_2	Al_2O_3	Fe_2O_3	CaO	MgO	K_2O	Na_2O
LM-W0	6.331	0.724	0.392	81.806	2.983	1.352	6.412
LM-W1	8.143	1.191	0.403	85.003	3.043	1.226	0.991
LM-W2	8.172	1.389	0.404	85.072	3.074	1.129	0.760
LM-W3	8.346	1.395	0.412	86.402	3.111	0.142	0.192
LM-W4	8.359	1.401	0.416	86.409	3.125	0.121	0.169
LM-W5	8.359	1.404	0.417	86.413	3.127	0.118	0.162

由表 4-10 可以看出造纸白泥水洗之后，Na、K 含量明显降低，而其余物质的含量升高，说明水洗处理对去除造纸白泥中的 Na、K 是有效的。造纸白泥经 1 次水洗之后，Na 含量由 6.412% 降低至 0.991%；K 含量降低不明显，仅降低 0.126%。水洗 3 次之后，K 含量大幅度降低至 0.142%，Na 含量从水洗 2 次后的 0.760% 降低至 0.192%。造纸白泥水洗 4 次、5 次之后，Na、K 含量变化不明显。因此，可以认为造纸白泥水洗 3 次之后 Na、K 含量不再发生改变。

Na、K 的存在会减少造纸白泥固体碱量，并且会破坏固体碱的微观孔隙结构，降低比表面积和比孔容积，抑制其酯交换反应的催化活性，如图 4-17 所示。其中

LM-H700 是经 700℃煅烧后的白泥完全浸入去离子水中，在空气氛下 120℃干燥至恒重得到的催化剂；LM-W3-H700 是白泥经过 3 次水洗后，在 700℃煅烧，然后再完全浸入去离子水并在空气氛下干燥而得到的催化剂。从两种催化剂的催化转化率来看，LM-W3-H700 的转化率随着重复使用次数的增加，下降程度要小于 LM-H700，这表明 LM-W3-H700 的催化剂重复使用性能较优。

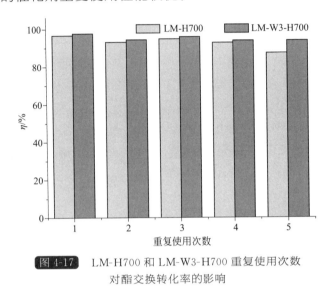

图 4-17　LM-H700 和 LM-W3-H700 重复使用次数对酯交换转化率的影响

从以上研究可以看出，造纸白泥经适当处理后，可以作为酯交换反应的催化剂，并有较好的催化性能。

参 考 文 献

[1] 汪苹，宋云，冯旭东，等编著. 造纸工业"三废"资源综合利用技术. 北京：化学工业出版社，2015.
[2] 王雨嘉，廖永进. "白泥"在湿法脱硫系统应用中的化学成分分析及活性评价[C]. 第九届锅炉专业委员会第二次学术交流会议. 2009：169-172.
[3] 吴金泉. 白泥脱硫剂的开发应用[J]. 中国造纸，2011，30(7)：52-56.
[4] 张博廉，冯启明等. 造纸苛化白泥页岩砖生产工艺研究[J]. 中国造纸，2011，30(1)：33-36.
[5] 聂威等. 采用造纸白泥做水泥生产原料的方法[P]. CN 200610124165.5.
[6] 曾振声. 硫酸盐法制浆碱回收苛化白泥综合利用[J]. 中国造纸. 1999,18(6)：66-68. .
[7] 李光明. 中国碳酸钙标准[J]. 无机盐工业.2005,37(1)：53-54. .
[8] 林师沛. 聚氯乙烯塑料配方设计指南. 北京：化学工业出版社，2002.
[9] 何文，张旭东，王世峰. 造纸白泥低温合成硅灰石在快烧釉面砖中的应用研究[J]. 化工科技.2004,12(1)：53-54.
[10] 王钦庆. 造纸白泥强化生物质废物产甲烷研究[D]. 济南：齐鲁工业大学，2014.
[11] 李辉. 造纸白泥固体碱催化酯交换生产生物柴油的特性及机理研究[D]. 济南：山东大学，2016.

第5章

造纸阶段筛选浆渣的回收利用技术

由于多种原因，在整个造纸过程中不可避免地存在着物料流失问题。其中，除渣器产生的浆渣便是一个重要的环节。通常情况下，这些流失物首先在废水处理车间进行适当处理，并最终进行填埋。原材料的流失会对环境产生负担，同时由于流失物中仍含有大量的有用物质，这也是一种资源的浪费。

图 5-1 为某铜版纸厂涂布损纸除渣器浆渣的主要组成。

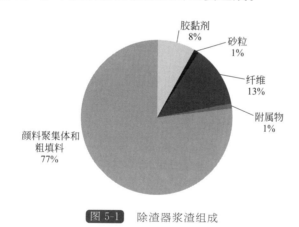

图 5-1　除渣器浆渣组成

从图 5-1 可知，浆渣中的主要物质为颜料聚集体、填料和纤维类物质，这些均是很有价值的原材料。其中纤维的含量主要取决于除渣器的位置和除渣效率。

同时，浆渣的产生量也是相当可观的，以某纸厂连续 15d 浆渣的产生情况为例，该厂日产涂布原纸 220t，而绝干浆渣产生量为 4.7～11.2t/d。由此折算物料损失率最高可达 5.0%。实践表明，大多数涂布纸厂除渣器的浆渣损失率为 2.0%～5.0%。浆渣损失率主要与回用涂布损纸的数量和性能有关。

5.1 CRT 技术[1]

5.1.1 工艺流程

GAWPikdner-Steinburg 公司开发了一种除渣器浆渣回用技术（CRT），CRT 的工艺流程见图 5-2。

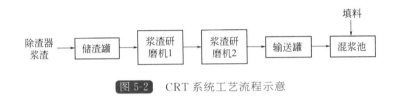

图 5-2　CRT 系统工艺流程示意

如图 5-2 所示，来自末段除渣器的浆渣直接输送到储渣罐。从储渣罐输送出的浆渣固含量一般为 12%～15%，而固含量的差异不会影响浆渣的处理效果。浆渣连续经过两个研磨工段，在研磨机内根据预先设定的颗粒大小分布进行处理，然后输送到输送罐。处理后的浆渣与填料在混浆池内混合，同时可根据回用浆渣的用量适当地减少填料的用量。整个 CRT 系统都通过传感技术进行监控。由于浆渣处理是在线进行，处理后的浆渣必须顺利地输送至混浆池，所以此系统不配备过滤装置。

研磨段工作原理：在高频径向脉冲作用下，外表面带有研磨介质的 Trinex 转子可实现径向加速，从而在研磨介质和被研磨物间形成循环运动。可根据转子旋转圆周和径向脉冲的大小确定和控制能量的输入，从而可有效补偿对研磨物的刮削作用。

研磨接触点的数目和研磨介质的转速决定了颗粒尺寸的最大值和平均值，准确调整这些参数可使填料在纸机上获得最佳的留着率。研磨系统启动后，通过激光衍射测定微粒大小，并可在很短时间内绘出微粒尺寸分布的曲线图。研磨系统还可进行在线监控。

GAW 公司在研磨介质的开发上花了很长时间，并最终成功开发了具有特定密度和硬度的符合工艺要求的研磨介质。经过连续一年的磨损试验，结果表明，该介质具有比较理想的耐久性。研磨介质是由直径相同的小球组成。为了确定适宜的球径，必须综合考虑多种物理参数。先通过选择合适的直径参数，使处理后浆渣的颗粒尺寸尽可能接近要求，在操作过程中还可对工艺参数做进一步的调整。

5.1.2 CRT 系统的优点

与常规的浆渣处理技术相比，CRT 系统具有以下优点：

① 浆渣可作为填料 100％地回用；

② 处理后的浆渣的颗粒尺寸具有一定的分布范围，不会对填料留着产生不良影响；

③ 不会产生树脂问题；

④ 系统处理效果不受浆料组分变化的影响；

⑤ 无需添加化学品；

⑥ 对浆料的 ξ 电位无影响；

⑦ 对机械设备要求低；

⑧ 系统坚固耐用；

⑨ 操作成本低；

⑩ 投资回收期 6～7 个月。

5.1.3　CRT 系统的性能

（1）浆渣处理前后颗粒尺寸分布的变化

与仅通过冲击力解离浆渣的系统相比，CRT 系统最突出的优点是可以控制研磨所需能量的输出。具有球形研磨介质的 Trinex 转子间的相互作用可确保浆渣粉碎后其颗粒尺寸分布符合预先设定的要求，而这一作用效果不受浆渣组成结构的影响。

图 5-3 为浆渣处理前（即除渣器出口处的浆渣）的电子扫描显微镜（SEM）照片。由图可知，浆渣中的主要成分为涂料薄片、粗填料，颗粒大小在 $25\sim300\mu m$ 间，其中还有纤维类物质。

图 5-3　未处理的浆渣结构

（2）浆渣处理的能耗

图 5-4 为颗粒尺寸分布与能耗的关系图。由图可知，处理 1t 颗粒尺寸平均为 $4\mu m$ 的浆渣，电耗约为 60kW•h。从浆渣回用的附加值来看，这一电耗微不足道。

（3）回用浆渣中胶黏物对纸张抄造的影响

采用"INGEDE"检测法测定胶黏物在纸机干燥部沉积的趋势，"INGEDE"检测法测定流程见图 5-5。

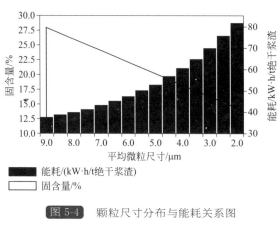

图 5-4 颗粒尺寸分布与能耗关系图

浆渣试样 → 研磨粉碎 → 制备悬浮液 → 筛选 → 滤液 → 解离机混合 → 抄片 → 干燥 → 染色 → 胶黏物评价

纸浆

图 5-5 "INGEDE" 检测法测定流程

实际操作情况和检测结果表明，经 CRT 处理的浆渣在回用抄纸时不会对纸机的抄造性能产生不良影响。

（4）浆渣处理前后 ζ 电位的变化

浆料系统的电荷波动往往会影响纸张的生产，特别是在留着、成形和强度方面。因此，许多造纸厂通过测量 ζ 电位来监控生产。分别对不同纸种生产过程中的 ζ 电位进行了测量，其数值均在 13~16mV 之间。对同一生产系统来说，用 CRT 系统处理的浆渣的 ζ 电位与纸机浆料相比仅有较小的偏差。

5.1.4 CRT 系统的经济效益

与常规的浆渣填埋处理相比，CRT 系统具有更为可观的经济效益（表 5-1）。另外，从环保的角度来看，每年将有 2872t 的浆渣被回用。

表 5-1 浆渣填埋与 CRT 系统处理成本的对比

浆渣填埋			CRT 系统处理	
浆渣损失	纤维（13%）	16.8 万欧元/年	CRT 系统投资费用	95 万欧元
	填料（87%）	23.1 万欧元/年	能耗费用	1.1 万欧元/年
水处理化学品费用		5.2 万欧元/年	人工费	2 万欧元/年
人工费		2 万欧元/年	运行维修费	5 万欧元/年
渣土运输费		16.1 万欧元/年	总计	103.1 万欧元/年
总计		63.2 万欧元/年	投资回收期 （设备折旧按 5 年计算）	6 个月
每吨浆渣处理费		220 欧元		

5.2 新型浆渣回收装置（CN 205000190 U）

广东东莞玖龙纸业有限公司开发了一种新型浆渣回收装置，该装置对精筛尾渣进行分离处理，回收尾渣中的造纸纤维和白水，不仅可以回收部分造纸纤维还减少了浆渣的产生。该回收装置包括精筛尾渣预处理装置、进料池、第一压力筛、第一重力浓缩机、配浆池、白水澄清器、固液分离压榨机构、白水池。而精筛尾渣预处理装置包括两段逆向除渣器、重力浓缩机和盘磨机。

该技术的工艺流程为精筛尾渣从精筛尾渣收集池先进入一段逆向除渣器，逆向除渣器良浆出口出来的纤维进入第二重力浓缩机进行浓缩，浓缩后的浆料进入盘磨机进行打浆，然后进入进料池，从进料池再进入第一压力筛进行筛选，筛出的纤维再经第一重力浓缩机浓缩后进入配浆池回用于造纸系统。一段逆向除渣器的尾渣出口出来的尾渣进入二段逆向除渣器，二段逆向除渣器的良浆出口出来的浆料回到一段逆向除渣器，二段逆向除渣器尾渣出口出来的尾渣和白水进入白水澄清器，经白水澄清器处理后，可回收白水进入白水池回用于造纸系统，废渣送到固液分离压榨机构，废渣经脱水处理后得到废料块，废料块可直接填埋或者焚烧，工艺流程示意见图 5-6。

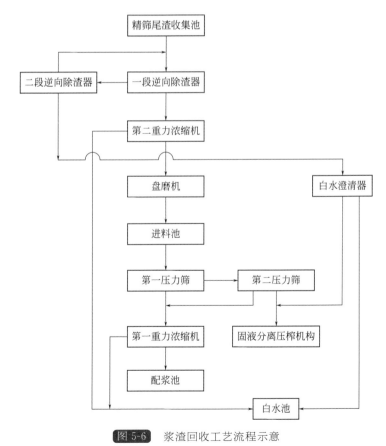

图 5-6 浆渣回收工艺流程示意

5.3 一种斜网浆渣回收系统（CN 205024518）

目前国内包装纸的生产原料大部分为再生纸（废纸），而在再生纸经过多次回收利用重新被制作成纤维时，纤维强度和长度呈递减趋势，细小纤维越来越多，导致纤维流失较大，废纸得率逐年降低，生产成本上升，污水处理费用也越来越高。

在制浆生产过程中，时常会出现浆池浆塔溢流冒浆的情况，导致纤维原料流失，大量的浆料进入地沟以后，增加污水处理的负荷，并且经常堵塞排水沟，需要组织机械、人力进行清理，如果溢流量大且处理不及时，将会造成严重的环保事故，影响正常生产的进行。玖龙纸业（重庆）有限公司开发的一项技术是用一种斜网浆渣回收系统将排水地沟中的流失纤维回收。

一种斜网浆渣回收系统，如图 5-7 和图 5-8 所示。抽污装置的输出口设置在过滤网装置的高端处，滤网装置下方设有收集滤出物的滤水槽，过滤网装置的低端处配置有收集纤维原料的浆渣槽。

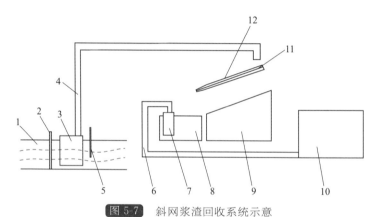

图 5-7 斜网浆渣回收系统示意

1—排污大地沟；2—液位计；3—抽污泵；4—抽污管道；5—可升降闸板；
6—抽浆管道；7—抽浆泵；8—浆渣槽；9—滤水槽；
10—制浆车间；11—过滤网装置；12—污物

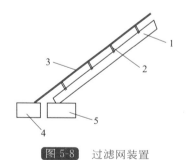

图 5-8 过滤网装置

1—U 形槽板；2—连接架；3—过滤网；4—浆渣槽；5—滤水槽

图 5-7 中，排污大地沟 1 在抽污泵 3 处设有可升降闸板 5。由于生产车间排污量是不稳定的，为避免排污量小的时候造成抽污泵 3 空运转，增加可升降闸板 5 可控制

排污大地沟 1 液位，排污量大时，将闸板 5 适当升高，多余的污水从底部排走，同时可冲走排污大地沟 1 中沉积的泥沙，排水量小时，将闸板 5 落下蓄水，以保证斜网浆渣回收系统的持续稳定运行。同时排污大地沟 1 在抽污泵 3 处设有液位计 2，有利于查看排污大地沟 1 内污水的液位。

过滤网装置呈 45°倾斜设置，过滤网装置包括 U 形槽板，U 形槽板上设有与其相匹配的过滤网；所述 U 形槽板在过滤网装置倾斜设置后的底端口伸入滤水槽内。

抽浆装置包括抽浆泵 7，抽浆泵 7 设置在浆渣槽 8 内；抽浆泵 7 的输出口设有抽浆管道 6，抽浆管道 6 将纤维原料送回制浆车间 10 重新利用。

工作原理：根据生产车间的污水排量选择合适的抽污泵 3，将排污大地沟 1 中含纤维原料的污物 12 送至过滤网装置 11 的顶端。经过滤网将纤维原料与砂石、污水分离出来，纤维原料进入浆渣槽 8，通过抽浆泵 7 将纤维原料送回制浆车间 10 重新利用。

通过斜网浆渣回收系统将流失的纤维原料回收利用，提高废纸得率，降低生产成本。还可对污水进行预处理，减轻污水处理负荷，降低排水 COD，降低清污水分厂的负担，污水处理成本也相应地降低了。同时改造之前排污大地沟长期沉积的大量泥沙和浆料，需要定期通过挖机和抓斗进行清理，改造之后此环节的工作量减轻了很多。

参 考 文 献

[1] 宋德龙，贺文明. 除渣器浆渣回用新技术[J]. 国际造纸，2002，21(4)：51-53.

第 6 章

造纸废水生化处理污泥综合利用技术

在《制浆造纸工业水污染物排放标准》（GB 3544—2008）颁布后，由于新标准 COD_{Cr}、BOD_5 等主要污染物排放限值比 2001 版标准降低了 50%～70%，使得我国的制浆造纸工业废水的处理率和处理深度进一步提高，但随之而来的是污泥产量急剧增加。

制浆造纸废水处理的污泥产量，一般是同等规模市政污水处理厂的 5～10 倍[1]。如此大量的造纸污泥如不进行妥善的处理，将会造成严重的二次污染。因此，造纸污泥的无害化处理与处置已成为亟待解决的环境问题。资源化是造纸污泥处置最好的方法之一，此处主要涉及综合利用技术是针对一级和二级污泥的，目前应用和研究主要集中在污泥厌氧发酵、污泥好氧堆肥、污泥燃烧和污泥生产建筑材料等方面。

6.1 造纸污泥的特点及前处理

6.1.1 制浆造纸污泥的分类和特点

制浆造纸工业废水处理后的污泥可分为三部分：一级沉淀污泥；二级生物处理污泥；还有一些工厂因采用了三级处理，因此还包括三级絮凝沉淀污泥。由于各级废水处理设施进水水质不同，污泥成分也各不相同。

1）一级污泥　包括水处理过程中脱除的碳酸盐（$CaCO_3$），废水处理中初沉物（纤维和填料），废纸制浆过程中产生的细小渣子（包括纤维、浮选污泥、筛选净化废渣），这部分污泥，灰分含量 25%～30%，沉淀颗粒细小，易脱水。

2）二级污泥　通常称为生物污泥，主要成分是废水中有机物经活性污泥等方法生物降解后产生的剩余生物污泥，表面润滑，亲水性强，结合力较低，无机物含量约10%～15%，远低于一级污泥，过滤性能较差。

3）三级污泥　其是造纸废水深度处理的副产物，主要是化学絮凝产生的颗粒更为细小的污泥，含有难生物降解的高分子质量有机污染物，这种污泥过滤性能最差，最难处理。

造纸废水处理厂污泥主要成分如表 6-1 所列。通常情况下，二级污泥部分回流到曝气池，剩余部分与一级污泥混合，借助一级污泥的助滤作用，进行下一道浓缩与脱水的操作。

表 6-1　不同造纸废水处理产生污泥的主要成分统计[2]

成分	一级处理污泥	二级处理污泥
灰分/%	5～65	5～30
C/%	20～50	35～50
N/%	0.1～0.7	1.0～8.0
S/%	0.1～1.4	0.1～0.9
P/%	0.03～0.1	0.3～1.2
K/%	0.02～0.6	0.2～0.6
Al/%	0.2～7.4	0.5～3.3
Cd/(mg/kg)	0.01～1.0	0.4～12
Cu/(mg/kg)	7.0～56	64～520
Cr/(mg/kg)	6.0～34	10～30
Pb/(mg/kg)	4.0～80	17～95
Hg/(mg/kg)	0.01～0.08	0.01～1.0
Ni/(mg/kg)	5.0～58	6.0～93
Zn/(mg/kg)	30～230	140～930

6.1.2　制浆造纸废水生化处理污泥的前处理[3]

在对制浆造纸废水生化处理污泥综合利用前，要对污泥进行一定的处理，这些处理包括污泥的调理和浓缩。

6.1.2.1　造纸污泥的调理

污泥调理是污泥浓缩或机械脱水之前的预处理，其目的是改善污泥浓缩和脱水的性能，以提高脱水设备的处理能力。造纸工业的污泥常用化学调理，它是在污泥中加入适量的絮凝剂、助凝剂等化学药剂，使污泥颗粒絮凝，从而提高污泥的脱水性能。

絮凝剂有无机絮凝剂（硫酸铝、聚合氯化铝等）和有机高分子絮凝剂（聚丙烯酰胺等），助凝剂是石灰，用来调节污泥的 pH 值。目前用得较多的絮凝剂是聚丙烯酰胺类，其絮凝原理与废水絮凝处理的相同。絮凝体的形成需要的时间很短（约 20s），这种絮凝体的结合力很小，极易被破坏，要避免泵送和剧烈搅拌等剪切力作用。絮凝剂的加入量初级污泥为 0.5～2.0kg/t 污泥、二级污泥可高达 10kg/t 污泥。需要注意"过絮凝"即絮凝剂的加入量过多，絮凝体会分散，影响其脱水性。

6.1.2.2 造纸工业废水中污泥的浓缩

污泥浓缩是除去污泥中的间隙水，缩小体积，为污泥的输送、脱水、利用与处置创造条件。提高浓缩污泥浓度的关键在于减少浓缩污泥量，增加污泥的滞留时间（浓缩时间），但是过于减少浓缩污泥量或加大负荷会使分离水水质恶化，降低污泥回收率。污泥浓缩主要有重力浓缩、气浮浓缩及离心浓缩 3 种方式，其中前两种方式应用较多。

（1）重力浓缩造纸工业废水中的污泥

重力浓缩是一种将污泥静止沉降而分离的古老的方法。表示粒子沉降速率的有斯托克斯方程式。污泥的沉降与单粒子的沉降不同，呈群体沉降，有形成污泥界面的特征。沉降初期是等速沉降域（界面沉降域），有直线性沉降倾向，但经过迁移域之后，由于界面沉降淤浆压密、压缩下层的淤浆，故过渡到沉降速率变慢的压密沉降域（压缩沉降域）。关于重力浓缩槽水面积的计算介绍以下三种方法。

Coeand Cleuenger 提出了从初期浓度（投入浓度）C_0 到间隔浓度 C_v 间求出几个浓度 C 和沉降速度 V，对每个浓度 C 按下式算出水面积：

$$A = C_0 Q_0 (1/C - 1/C_v)/V$$

式中　Q_0——流入污泥流量，m^3/h。

以各浓度算出的水面积 A 的最大值定浓缩槽水面积。

Fithand Talmage 依据一条沉降曲线用下式求水面积：

$$A = Q_0 t_a / H_0$$

式中　t_a——沉降时间，h；

　　　H_0——浓缩槽高度，m。

吉冈提出通量理论，在考虑浓缩槽内的浓度和沉降速度的积（通量）的基础上，用表示最小固形物移动量（G_{min}）的浓度域决定槽面积，计算公式如下：

$$A = C_0 Q_0 / G_{min}$$

（2）气浮浓缩造纸工业废水中的污泥

对难以沉降的污泥粒子可采用吸附气泡上浮的浓缩方法。微细的气泡是高效率运转的条件，按气泡生成方法的不同，可分成加压气浮法和常压气浮法。

1）加压气浮法　加压气浮法是在加压条件下把空气混合进加压水或原污泥中，混合物在气浮槽内的大气压下释放出微小气泡，上浮过程中吸附污泥粒子，实现了对污泥的浓缩。上浮的浓缩污泥（浮泡）在上浮力的作用下被压密、浓缩，到达表层水面，用刮板等收取装置将其收集起来。另外，沉淀在气浮层底部的污泥，用刮板集中后被排出。上浮污泥在脱气槽充分去除气泡后，被送到后续处理工艺中。

2）常压气浮法　常压气浮是一种在大气压下使用"发泡助剂（表面活性剂）"产

生气泡的办法。用污泥泵把污泥送入混合装置，把气泡用水、发泡助剂、空气泵入发泡装置里，靠装置内部的涡轮叶片产生微细气泡。在混合装置里生成的微细气泡、高分子混凝剂和污泥相混合，使气泡和污泥中的固形物紧密结合。黏附污泥固形物的气泡被送入气浮装置，靠浮力上浮实现固液分离。设置在气浮装置上部的刮板收集上浮浓缩的污泥，再用脱气装置去除气泡之后，送到下一个处理工序。分离液从气浮装置底部被抽出，或从水位调节装置处溢流。常压气浮装置主要由发泡装置、混合装置、气浮装置、水位调节装置等所构成，作为辅助设备还有脱气装置、发泡助剂稀释设备、高分子混凝剂溶解设备等。

（3）离心浓缩造纸工业废水中的污泥

离心浓缩是指将难浓缩的污泥在离心力场中进行强制浓缩。作为驱动力的离心力（G）可用回转半径（r）和旋转数（w）的关系式来表示，即：

$$G = rw^2/g$$

离心浓缩的第一要素是"离心效果"，其次沉降分离过程中时间愈长污泥愈密实，所以第二要素是"滞留时间"。离心浓缩根据旋转轴方向的不同可分为立式离心浓缩机和卧式离心浓缩机两大类。污泥浓缩的设备有带式过滤机、滚筒过滤机、圆盘过滤机、重力浓缩池、浮选浓缩装置等。

6.2 造纸污泥厌氧消化（发酵）生产沼气技术

欧美国家污泥厌氧消化制生物质燃气技术及成套设备已相当成熟，并大规模应用。近年来，我国开展了一些污泥厌氧发酵生产生物质燃气，目前厌氧消化处理产生沼气技术已在我国许多城市污水处理厂应用。

6.2.1 造纸污泥的性质

污泥的可消化性与污泥中挥发分所占比例有关，周肇秋等[4]对广州某造纸厂生化污泥的研究表明，造纸厂生化污泥的挥发分占 60%（干固体）左右，碳氮比约为 14，其工业分析值和元素分析值见表 6-2、表 6-3。

表 6-2 污泥工业分析值　　　　　　单位：%

类别	水分	挥发分	固定碳	灰分
生化污泥	10.25	47.93	12.54	28.99

表 6-3 污泥元素分析值　　　　　　单位：%

类别	O	N	C	S	H
生化污泥	33.38	2.2	31.68	2.12	5.45

潘美玲、张安龙[5]也对造纸污泥进行了研究，他们研究的是来自草浆造纸企业的生化污泥，其各种元素含量见表 6-4。从表 6-4 可以看出，草浆厂生化污泥的碳氮比约为 10。

表 6-4 造纸污泥元素分析 单位：%

样品	C	H	N	S
1	34.54	4.93	3.53	0.99
2	35.62	4.99	3.57	1.05
平均	35.08	4.96	3.55	1.02

从上面 3 个表可以看出，生化污泥的有机物含量为 60%左右，与我国城市污泥有机物含量接近（城市污泥有机物含量为 50%～70%[6]），碳氮比也符合厌氧消化的要求［碳氮比为（10～20）∶1[7]］，所以造纸污泥可以利用现有厌氧消化产沼气技术对造纸污泥进行减量化处理和资源化利用。

6.2.2　厌氧消化产沼气技术 [6]

厌氧消化是指在断绝空气的条件下，依赖兼性厌氧菌和专性厌氧菌的生物化学作用，对有机物进行生物降解的过程。在这个过程中，各种厌氧菌阶段性地分解污泥中的有机物，最终生成 CH_4、CO_2、H_2S 等物质。

6.2.2.1　厌氧消化的机理

污泥厌氧消化是一个极其复杂的过程，多年来厌氧消化被概括为两阶段过程：第一阶段是酸性发酵阶段，有机物在产酸细菌的作用下，分解成脂肪酸及其他产物，并合成新细胞；第二阶段是甲烷发酵阶段，脂肪酸在专性厌氧菌——产甲烷菌的作用下转化成 CH_4 和 CO_2。但是，事实上第一阶段的最终产物不仅仅是酸，发酵所产生的气体也并不都是从第二阶段产生的。因此，第一阶段比较恰当的提法是不产甲烷阶段，而第二阶段称为产甲烷阶段。随着对厌氧消化微生物研究的不断深入，厌氧消化中不产甲烷细菌和产甲烷细菌之间的相互关系更加明确。1979 年，伯力特（Bryant）等根据微生物的生理种群，提出了厌氧消化三阶段理论，是当前较为公认的理论模式。三阶段消化突出了产氢产乙酸细菌的作用，并把其独立地划分为一个阶段。三阶段消化的第一阶段，是在水解与发酵细菌作用下，使碳水化合物、蛋白质和脂肪水解并发酵转化成单糖、氨基酸、脂肪酸、甘油及二氧化碳、氢等；第二阶段，是在产氢产乙酸菌的作用下，把第一阶段的产物转化成氢、二氧化碳和乙酸；第三阶段，是通过两组生理上不同的产甲烷菌的作用，一组把氢和二氧化碳转化成甲烷，即：

$$4H_2 + CO_2 \longrightarrow CH_4 + 2H_2O$$

另一组是对乙酸脱羧产生甲烷，即：

$$2CH_3COOH \longrightarrow 2CH_4 + 2CO_2$$

在厌氧消化的过程中，由乙酸形成的 CH_4 约占总量的 2/3，由 CO_2 还原形成的 CH_4 约占总量的 1/3。

由上述可知，产氢产乙酸细菌在厌氧消化中具有极为重要的作用，它在水解与发酵细菌及产甲烷细菌之间的共生关系，起到了联系作用，且不断地提供出大量的 H_2，作为产甲烷细菌的能源，以及还原 CO_2 生成 CH_4 的电子供体。

参与第一阶段的微生物包括细菌、原生动物和真菌，统称水解与发酵细菌；它们大多数为专性厌氧菌，也有不少兼性厌氧菌。根据其代谢功能可分为以下几类。

1）纤维素分解菌　参与对纤维素的分解，纤维素的分解是厌氧消化的重要一步，对消化速度起着制约的作用。这类细菌利用纤维素并将其转化为 CO_2、H_2、乙醇和乙酸。

2）碳水化合物分解菌　这类细菌的作用是水解碳水化合物成葡萄糖。以具有内生孢子的杆状菌占优势。丙酮、丁醇梭状芽孢杆菌（*Clostridium acetobutylicum*）能分解碳水化合物产生丙酮、乙醇、乙酸和氢等。

3）蛋白质分解菌　这类细菌的作用是水解蛋白质形成氨基酸，进一步分解成为硫醇、氨和硫化氢。以梭菌占优势。非蛋白质的含氮化合物，如嘌呤、嘧啶等物质也能被其分解。

4）脂肪分解菌　这类细菌的功能是将脂肪分解成简易脂肪酸，以弧菌占优势。

原生动物主要有鞭毛虫、纤毛虫和变形虫。真菌主要有毛霉（*Mucor*）、根霉（*Rhizopus*）、共头霉（*Syncephalastrum*）、曲霉（*Aspergillus*）等，真菌参与厌氧消化过程，并从中获取生活所需能量，但丝状真菌不能分解糖类和纤维素。

参与厌氧消化第二阶段的微生物是一群极为重要的菌种——产氢产乙酸菌以及同型乙酸菌。国内外一些学者已从消化污泥中分离出产氢产乙酸菌的菌株，其中有专性厌氧菌和兼性厌氧菌。它们能够在厌氧条件下，将丙酮酸及其他脂肪酸转化为乙酸、CO_2，并放出 H_2。同型乙酸菌的种属有乙酸杆菌，它们能够将 CO_2、H_2 转化成乙酸，也能将甲酸、甲醇转化为乙酸。由于同型乙酸菌的存在，可促进乙酸形成甲烷的进程。

参与厌氧消化第三阶段的菌种是甲烷菌或称为产甲烷菌（*Methanogens*），是甲烷发酵阶段的主要细菌，属绝对的厌氧菌，主要代谢产物是甲烷。甲烷菌常见的有以下 4 类。

① 甲烷杆菌，杆状细胞，连成链或长丝状，或呈短而直的杆状。

② 甲烷球菌，球形细胞呈正圆或椭圆形，排列成对或成链。

③ 甲烷八叠球菌，它可繁殖成为有规则的，大小一致的细胞，堆积在一起。

④ 甲烷螺旋菌，呈有规则的弯曲杆状和螺旋丝状。

据报道，目前已得到确证的甲烷菌有 14 种 19 个菌株，分属于 3 个目 4 个科 7 个属。表 6-5 所列的是主要几种甲烷菌种属及其分解的底物。

表 6-5	甲烷菌主要属种及其分解的底物
甲烷菌属种	分解的底物
马氏甲烷球菌（*Methanococcus Mazei*）	乙酸盐、甲酸盐
产甲烷球菌（*Methanococcus Vanniel*）	氨、蚁酸盐
巴氏甲烷八叠球菌（*Methanosarcina Barkerii*）	乙酸盐、甲醇
甲烷八叠球菌（*Methanosarcina Methanica*）	乙酸盐、甲酸盐
甲烷杆菌（*Methanobacterium Formicicum*）	蚁酸盐、二氧化碳、氢
奥氏甲烷杆菌（*Methanobacterium Omeliansku*）	乙醇、氢
甲烷杆菌（*Methanobacterium Propionicum*）	丙酸盐
孙氏甲烷杆菌（*Methanobacterium Sohngenu*）	乙酸盐、甲酸盐
甲烷杆菌（*Methanobacterium Suboxydans*）	乙酸盐、甲酸盐、戊酸盐
甲烷杆菌（*Methanobacterium Ruminantium*）	乙酸盐

三阶段消化的模式如图 6-1 所示。

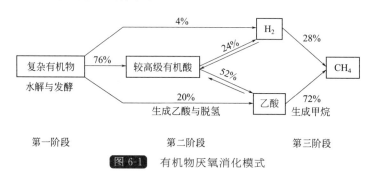

图 6-1　有机物厌氧消化模式

6.2.2.2　厌氧消化的影响因素

（1）温度因素

甲烷菌对于温度的适应性，可分为两类，即中温甲烷菌（适应温度区为 30～36℃）、高温甲烷菌（适应温度区为 50～53℃）。在两个温度区之间，反应速率反而减退。可见消化反应与温度之间的关系是不连续的。温度与有机物负荷、产气量关系见图6-2。

利用中温甲烷菌进行厌氧消化处理的系统叫中温消化，利用高温甲烷菌进行消化处理的系统叫高温消化。从图 6-2 可知，中温消化条件下，挥发性有机物负荷为 0.6～1.5kg/（m³·d），产气量 1～1.3m³/（m³·d）；而高温消化条件下，挥发性有机物负荷为 2.0～2.8kg/（m³·d），产气量 3.0～4.0m³/（m³·d）。

中温或高温厌氧消化允许的温度变动范围为 ±（1.5～2.0）℃。当有±3℃的变化时就会抑制消化速率，有±5℃的急剧变化时就会突然停止产气，使有机酸大量积累而破坏厌氧消化。

消化时间是指产气量达到总量的 90% 所需时间。两者关系见图 6-3。

由图 6-3 可见，中温消化的消化时间约为 20～30d，高温消化约为 10～15d。

因中温消化的温度与人体温接近，故对寄生虫卵及大肠菌的杀灭率较低；高温消

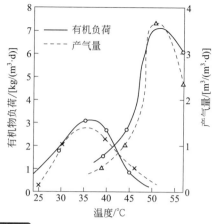

图 6-2　温度与有机物负荷、产气量关系图

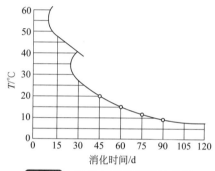

图 6-3　温度与消化时间的关系

化对寄生虫卵的杀灭率可达 99％，对大肠菌指数可达 10～100，能满足卫生要求（卫生要求对蛔虫卵的杀灭率 95％以上，大肠菌指数 10～100）。

（2）生物固体停留时间（污泥龄）与负荷

消化池的容积负荷和水力停留时间（即消化时间）t 的关系见图 6-4。厌氧消化效果的好坏与污泥龄有直接关系，有机物降解程度是污泥龄的函数。对于无回流的完全混合厌氧消化系统，污泥龄等于水力停留时间。随着水力停留时间的延长，有机物降解率和甲烷产率可以得到提高。

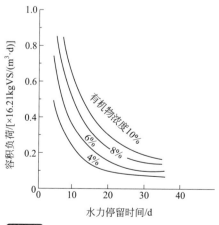

图 6-4　容积负荷和水力停留时间关系

而消化池的容积负荷也影响着厌氧消化的效果。容积负荷表示单位反应器容积每日接受的污泥中有机物质的量。容积负荷过高，消化池内脂肪酸可能积累，pH 下降，污泥消化不完全，产气率降低。容积负荷过低，污泥消化较完全，产气率较高，消化池容积大，基建费用增高。根据我国污水处理厂的运行经验，城市污水处理厂污泥中温消化的投配率（消化池的投配率是每日投加新鲜污泥体积占消化池有效容积的百分数）以 5%～8% 为宜，相应的消化时间为 12.5～20d。

（3）搅拌和混合

厌氧消化是由细菌体的内酶和外酶与底物进行的接触反应，因此必须使两者充分混合。搅拌的目的是使消化原料均匀分布，增加微生物与消化基质的接触，也使发酵产物及时分离，从而提高产气量，加速反应，充分利用厌氧消化池的体积。若搅拌不充分，除代谢率下降外，还会引起反应器上部泡沫和浮渣层以及反应器底部沉积固体物的大量形成。搅拌的方法随消化状态的不同而异，对于液态发酵用泵加水射器搅拌法；对于固态或半固态用消化气循环搅拌法和混合搅拌法等。

（4）营养与 C/N 比

厌氧消化池中细菌生长所需营养由污泥提供。合成细胞所需的碳（C）源担负着双重任务，其一是作为反应过程的能源，其二是合成新细胞。麦卡蒂（McCarty）等提出污泥细胞质（原生质）的分子式是 $C_5H_7NO_3$，即合成细胞的 C/N 约为 5:1。因此要求 C/N 达到（10～20）:1 为宜。如 C/N 太高，细胞的氮量不足，消化液的缓冲能力低，pH 值容易降低；C/N 太低，氮量过多，pH 值可能上升，铵盐容易积累，会抑制消化进程。根据勃别尔（Popel）的研究，各种污泥的 C/N 见表 6-6。

表 6-6　各种污泥底物含量及 C/N

底物名称	污泥种类		
	初沉污泥	活性污泥	混合污泥
碳水化合物/%	32.0	16.5	26.3
脂肪、脂肪酸/%	35.0	17.5	28.5
蛋白质/%	39.0	66.0	45.2
C/N	(9.40～10.35):1	(4.60～5.04):1	(6.80～7.50):1

可见，从 C/N 看，初次沉淀池污泥比较合适，混合污泥次之，而活性污泥不大适宜单独进行厌氧消化处理。

（5）丙酸[7]

丙酸是厌氧生物处理过程中一个重要的中间产物，有研究指出，在城市污水处理剩余污泥的厌氧消化中，系统甲烷产量的 35% 是由丙酸转化而来。同其他的中间产物（如丁酸、乙酸等）相比，丙酸向甲烷的转化速率是最慢的，有时丙酸向甲烷的转化过程限制了整个系统的产甲烷速率。丙酸的积累会导致系统产气量的下降，这通常是系统失衡的标志。

在厌氧消化处理污水处理厂的剩余污泥、猪粪、食品垃圾以及一些工业废水时，都发现在系统失败前丙酸浓度的异常增长。在超负荷厌氧消化系统中，丙酸与乙酸比率的变化规律是在提高进料浓度后该比率迅速升高，在其他监测指标发生变化之前优先指示出系统超负荷的工况。鉴于丙酸积累和系统失衡之间的这种相关性，有学者提出把丙酸浓度或丙酸与乙酸浓度之比作为衡量厌氧反应器异常状况的指标。

丙酸浓度的增加对产甲烷菌有抑制作用，因此丙酸积累会造成系统失衡。研究表明，通过加入苯酚造成系统中丙酸浓度增加（苯酚厌氧降解产生丙酸）时，丙酸浓度最高积累至 2750 mg/L，同时 pH 值低于 6.5，在此条件下未观察到对底物葡萄糖产甲烷的抑制作用，因此有人认为，丙酸的高浓度并不意味着厌氧消化系统的失衡。从以上的分析可以看出，系统失衡时常常伴随着丙酸的积累，但是丙酸积累可能只是系统失衡的结果，并不是原因。

控制厌氧消化系统中的丙酸积累，应当控制合适的条件以减少丙酸的产生，并且同时创造有利条件促进丙酸转化。首先，可以采用两相厌氧消化工艺。水解产酸菌和产甲烷菌的最佳生长环境条件不同，通过相分离可以有效地为两类微生物提供优化的环境条件。适当控制产酸相的 pH 值从而抑制丙酸的产生，在产甲烷相中，由于较低的氢分压以及利用氢的产甲烷菌的存在，促进丙酸被有效转化，从而提高反应器效率和系统稳定性。在废水高温厌氧处理中，当丙酸是主要的有机污染物而氢气的产生不可避免时应采用两相厌氧反应器，在第二相中，丙酸可以被去除。两相系统处理能力提高的原因主要为在第二个反应器中，氢分压的降低促进了丙酸的氧化。

由于有机负荷的提高往往造成丙酸的产生，从而导致丙酸的积累和系统的失衡，所以，抑制厌氧消化系统中的丙酸积累，还可以选择抗冲击负荷的反应器形式。当处理水质或水量波动大的废水时，选用抗冲击负荷的反应器形式就能有效增强系统的稳定性。和其他形式的厌氧反应器相比，厌氧折流板反应器（ABR）具有良好的抗冲击负荷能力，它将反应器分成不同的隔室，在每一个隔室中，水流呈完全混合的状态以促进微生物和基质的接触，而整个反应器中水流则是推流状态以实现微生物种群的分离。当发生冲击负荷时，第一个隔室中较低的 pH 值和较高的底物浓度使产乙酸菌和丁酸发酵菌大量生长，从而限制了产丙酸菌的生长。虽然第一个隔室会发生氢的积累，但是多隔室的构造使过量的氢气可以从系统排出，从而增强了系统的稳定性。

（6）重金属[7]

在消化液中添加少量的钾、钠、钙、镁、锌、磷、锰等元素能促进厌氧反应的进行，主要是因为钙、镁、锰等二价金属离子是酶活性中心的组成成分，其中锌、锰离子还是水解酶的活化剂，能提高酶活性，促进反应速率，有利于纤维素等大分子化合物的分解。但过量的金属离子或有毒重金属离子对甲烷发酵有抑制作用，主要表现在两个方面：一是与酶结合产生变性物质，使酶的作用消失；二是重金属离子与氢氧化物的絮凝作用，使酶沉淀。多种金属离子共存时，毒性有拮抗作用，忍受浓度可提高。如 Na^+ 单独存在时，临界浓度为 7000mg/L，而与 K^+ 共存，K^+ 浓度达到 3000mg/L 时，Na^+ 的临界浓度可提高 80%，达到 12600mg/L。重金属的毒性可以用硫化物络合法降低，例如锌浓度过高时，可加入 Na_2S，产生 ZnS 沉淀，毒性即降低。

进水中铜、锌、镍、铅这四种不同的重金属离子浓度对两相厌氧消化工艺有一定的影响。产酸相的污泥对铅有很好的吸附作用，铜次之，而对锌和镍没有很好的吸附作用。对产甲烷相的产气情况进行观察，并与到达该反应器的重金属离子浓度进行比较，发现相分离没有预期那样提供保护作用。将这四种金属直接加入到产甲烷相反应器中，发现所有的金属离子都会引起 COD 去除率的明显下降，而在停止重金属的加入后，又会立即恢复。在这四种金属中，镍和铅对产气的影响较大。研究报道，微量金属元素铁、钴、镍的氮化物与无机营养液中其他物质混合，只能达到很低的乙酸利用率，为 $4\sim8kg/m^3$；而当铁、钴、镍的氯化物直接加入厌氧消化反应器内时，乙酸的利用率则高达到 $30kg/m^3$，并且反应器内的甲烷优势菌发生变化，由索氏甲烷丝状菌占优势转变到由巴氏甲烷八叠球菌占优势。

我国城市污泥的重金属含量普遍低于欧美等国家，其污染主要以锌和铜为主，其他重金属含量较低。以重金属的平均值进行比较，即使是含量最高的锌，也低于瑞典城市污泥中锌的含量，更远远低于英国和美国。容易超标的锌、铜、镉、铅的含量分别比英国低 96%、13.1%、35.0%、58.7%，比美国低 52%、44%、8%、9%。因此，工业发达国家所强调的城市污泥农用的重金属污染问题在我国并不会像人们想象的那样严重。

6.2.2.3　厌氧消化工艺及设备

传统的厌氧消化工艺是产酸菌和产甲烷菌在单相反应器内完成厌氧消化的全过程。由于二者的特性有较大的差异，对环境条件的要求迥异，传统的厌氧消化工艺无法使产酸菌和产甲烷菌都处于最佳的生理生态环境条件，因而影响了反应器的效率，处理后的污泥不达标，所以目前厌氧消化生产沼气工艺使用较多的是两相厌氧消化工艺。

污泥厌氧消化产沼气工艺流程见图 6-5。

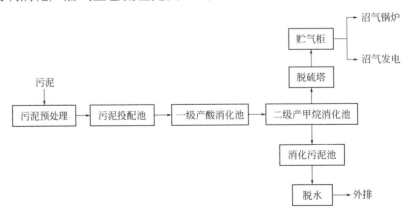

图 6-5　厌氧消化产沼气工艺流程示意

（1）污泥预处理

污泥的厌氧消化可分为水解发酵、酸性发酵和甲烷发酵三个阶段，后两个阶段进行得很快，而水解过程进行缓慢，是厌氧消化的限速步骤，所以导致厌氧消化有较长的停留时间和较大的消化池体积。水解缓慢的主要原因之一，是由于微生物细胞壁和细胞膜的存在。因为污泥是厌氧菌的基质来源，而污泥本身主要是由微生物构成的，厌氧菌进行发酵所需的基质就包含在微生物的细胞膜内，因此，只有打破细胞壁/细胞膜，将这些有机质释放出来，厌氧菌才能利用它们进行厌氧消化。所以，对污泥进行预处理，提高厌氧消化过程中污泥的水解速率及固体悬浮物化学需氧量（SCOD）的含量，能够有效地改善污泥的消化性能。对于造纸污泥，由于其有机物中主要是纤维素、半纤维素和木质素等物质，其自身厌氧消化较困难，存在着有机物质降解率低（30%～50%）、污泥停留时间长（通常为20～30d）等缺点。所以有必要对污泥进行预处理，使造纸污泥中的难降解有机物质水解变成可溶性的小分子，从而易被产酸菌利用。厌氧消化预处理手段包括超声波法、臭氧预处理法、碱预处理法等。

1）超声波法　超声波是指频率从20kHz到100MHz这个波段范围内的声波。超声波的作用主要有三大机理，即空化作用机理、热解机理和声致自由基机理，是一个非常复杂的过程。

超声波预处理可以使污泥中微生物细胞壁破裂，促进胞内溶解性有机物释放，表现为污泥的SCOD、氮与磷浓度增加，从而改善污泥的微生物可利用性。

超声波预处理的优点：设计紧凑；成本低，可自动化操作；可提高产气率；可改善污泥的脱水性能；对污泥后续处理没有影响；无二次污染。

季民等[8]的研究表明，低频超声技术能够有效破解污泥絮体和微生物细胞，增加污泥中溶解性有机物含量，减少污泥悬浮固体量；污泥超声破解沥出液中多糖、蛋白质、DNA的含量变化与超声时间和超声强度成正比。破解时间越长、超声强度越大，会有更多的胞内物质沥出；但过长时间的超声破解，会使污泥絮体破碎，脱水性能变差。超声破解能够加速污泥厌氧水解酸化速率，经过超声破解的污泥在厌氧反应中，基本不经历水解阶段，而是直接进入酸化阶段。污泥超声破解预处理技术能够提高厌氧消化的生物气产量、有机物去除率，减少污泥量，缩短消化时间。破解污泥在8d停留时间下的厌氧消化效果优于原污泥在20d下的效果。史吉航等[9]研究也表明，超声波处理能显著提高两相厌氧消化对有机物的去除率，且声能密度越大，去除率提高的幅度越大。超声破解能缩短产酸相的污泥停留时间，因而可减小产酸相构筑物的容积，节省处理成本。还可显著提高两相厌氧消化工艺的产气量和产气率，缩短两相厌氧消化时间。而伍峰等[10]对超声破解对造纸污泥的影响进行了研究，发现对造纸污泥进行超声破解后，其污泥中糖类等低分子有机化合物含量增加，木质素、纤维素等高分子物质含量下降。

2）臭氧预处理[11]　臭氧预处理就是将臭氧通入污泥中对污泥进行破解，臭氧的投加量不同，对污泥的破解程度也不同。在臭氧破碎剩余污泥的过程中，首先破坏分解细胞壁和细胞膜，使得大量细胞质释放到溶液中，导致污泥浓度降低，污泥溶液中溶解性有机物含量增加。陈英文等对剩余污泥的臭氧预处理进行了研究，研究表明随着臭氧投加量的增加，SS、VSS 逐步减少，SCOD、TOC 逐步增加。当臭氧投加量小于 0.135g（以每克 SS 计，下同）时，SS、VSS 随着臭氧投加量的增加而迅速减少，SCOD、TOC 则相应迅速增加；当臭氧投加量大于 0.135g 时，SS、VSS 缓慢减少，SCOD、TOC 缓慢增加，并趋于稳定（见图 6-6）。在臭氧氧化破碎污泥时，细胞还会释放出大量的蛋白质和多糖（见图 6-7）。从而改善了污泥的消化性能。但目前还没有文献记录有关对造纸污泥进行臭氧预处理效果的研究。

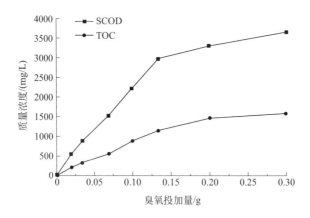

图 6-6　臭氧投加量对 SCOD、TOC 的影响

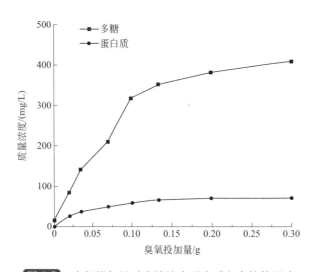

图 6-7　臭氧投加量对上清液中蛋白质和多糖的影响

3）碱预处理法　碱法预处理是指在污泥厌氧消化前加入一定量的碱进行处理，该方法可使污泥中 45％以上的有机质溶解，因而消化过程的产气量、有机碳和 VS 的去除率亦随之提高。与其它预处理方法相比，碱处理具有操作简单、方便以及处理效果好等优点。

林云琴等[12]对碱预处理对造纸污泥的影响进行了研究，研究表明经碱处理后，造纸污泥的结构和理化性质都发生了变化。

经碱处理后，污泥颗粒间的孔隙度减少，纤维明显变短，污泥表面结构变得较为光滑，说明经过预处理后的造纸污泥中大分子被降解为小分子（蛋白质和烃类化合物）以利于后续厌氧消化微生物利用，促进后续系统的甲烷产量，且这种处理效果随着 NaOH 用量的增加而增强，见图 6-8。

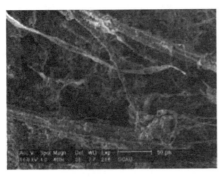 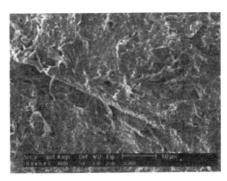

(a) 对照　　　　　　　　　　　(b) 0.3%NaOH预处理[13]

图 6-8　预处理前后造纸污泥表面结构的电镜扫描图（×400）

而对处理后造纸污泥的性质的检测表明，造纸污泥的 SCOD 的含量均显著提高，其中碱预处理后污泥中 SCOD 含量最高达 20472.7mg/L，污泥中 VSS 的含量降低了 6%～19%，说明污泥中难溶性的大分子有机物被降解为可溶性的小分子物质。

总之，经过对造纸污泥进行预处理，可以增加造纸污泥的可降解性，缩短厌氧消化的时间。

（2）厌氧消化工艺及设备

目前使用较多的厌氧消化工艺是两相厌氧消化工艺，它是由 Pohland 和 Ghosh 于 1971 年提出的。该工艺基于参与厌氧消化的两类微生物（即产酸菌和产甲烷菌）在营养需要、生理和动力学上存在差异的情况，通过将产酸菌和产甲烷菌分别在各自独立的反应罐内培养，使两类细菌的生长和代谢均达到最佳状态，从而提高整个系统的处理效能。同时在产甲烷罐前设置产酸罐，一方面可通过控制产酸罐的产酸速率来避免产甲烷罐超负荷运行；另一方面还提高了整个厌氧消化系统抗冲击负荷的能力，进而提高了系统运行的稳定性。

两相厌氧消化工艺的特点如下。

① 将产酸菌和产甲烷菌分别置于两个不同的反应器内并为它们提供了最佳的生长和代谢条件，使它们能够发挥各自最大的活性，处理能力和效率比一段式厌氧消化工艺大大提高。

② 两相分离后，各反应器的分工更明确，产酸反应器可对污泥进行预处理，不仅为产甲烷反应器提供了更适宜的基质，还能够解除或降低水中有毒物质，如硫酸根、重金属离子的毒性，改变难降解有机物的结构，减少对产甲烷菌的毒害作用和影响，增强了系统运行的稳定性。

③ 适当提高产酸相的有机负荷可以抑制产酸相中的产甲烷菌的生长，同时提高了产酸相的处理能力。产酸菌的缓冲能力较强，加大有机负荷造成的酸积累不会对产酸相有明显的影响，也不会对后续的产甲烷相造成危害。两相分离能够有效地预防在一段厌氧消化工艺中常见的酸败现象。

④ 由于产酸菌的世代时间远远短于产甲烷菌，产酸菌的产酸速率高于产甲烷菌降解酸的速率，在两相厌氧消化工艺中，产酸反应器的体积总是小于产甲烷反应器的体积。

厌氧消化的设备主要是消化池，消化池的构造主要包括污泥的投配、排泥及溢流系统，沼气排出、收集与贮气设备，搅拌设备及加温设备等。消化池的基本形式有圆柱形和蛋形两种。

6.3　污泥生产建筑材料技术

6.3.1　利用造纸污泥和页岩生产建筑轻质节能砖[13]

董晓峰等对纸厂废水处理污泥与黏土和页岩分别混合生产轻质节能砖进行了小试和中试。试验用的造纸污泥是两种（白板纸 A 和牛皮纸 B）造纸企业污水处理中产生的经过压滤脱水的泥饼，其化学成分及性能见表 6-7。从表 6-7 中可以看出，这两种造纸污泥的含水量大，有机物含量大于 60%，其余为造纸填料等无机物。

表 6-7　污泥化学成分和性能

污泥	SiO_2 /%	Fe_2O_3 /%	Al_2O_3 /%	TiO_2 /%	CaO /%	MgO /%	烧失量 /%	高位发热量 /(kJ/kg)	含水率 /%	容重 /(t/m³)
A	15.38	0.74	7.96	0.56	10.96	2.12	61.42	9734	68.7	1.18
B	19.70	1.23	6.59	2.54	5.28	3.04	62.76	10441	71.4	1.25

董晓峰等对造纸污泥生产建筑用砖的可行性进行了试验，试验内容如下：由于造纸污泥含水率在 70% 左右，且其容重较小（制砖堆积密度泥料≥1.8t/m³，污泥堆积密度仅为 1.2t/m³ 左右），所含有机纤维燃点低，所以试验所要解决的关键问题是污泥的高含水量、掺配比例及原料处理混合工艺和烧成温度等，为此，他们在实验室进行了不同配比和烧成温度对产品性能影响的正交试验，结合富阳造纸污水处理工程上马后污泥产出量和现有烧结砖企业的生产规模，将污泥的掺入量下限定为 15%（换算成干基），设计的样品配比编号见表 6-8。

表 6-8　样品配比及编号与烧成制度的关系

配方	1000℃保温,30min	1050℃保温,30min	1100℃保温,60min
A1	A11	A12	A13

配方	1000℃保温,30min	1050℃保温,30min	1100℃保温,60min
A2	A21	A22	A23
A3	A31	A32	A33
A4	A41	A42	A43
B1	B11	B12	B13
B2	B21	B22	B23
B3	B31	B32	B33
B4	B41	B42	B43

各种原料按配比配制后经充分混合，制成试样在高温炉内按拟定的烧成温度和保温时间烧制成样品，然后测试样品的物理力学性能，检验结果见表6-9。从表6-9中样品的性能看，污泥A和污泥B性能基本一致，可以一并利用。掺量15%以上不适用于生产普通建筑用烧结砖（现行国家烧结砖标准要求为：吸水率≤22%；抗压强度≥10.0MPa），虽然可以通过提高焙烧温度和延长保温时间提高制品的抗压强度，但对降低制品的吸水率作用不明显。同时，因为样品中的有机纤维经高温灼烧后在制品中留下大量微小气孔，提高了制品的保温性能。所以生产轻质节能砖是现实可行的，也符合国家提倡建筑节能的产业政策。

表 6-9 不同配比样品的性能

编号	吸水率 $W/\%$	抗压强度/MPa	编号	吸水率 $W/\%$	抗压强度/MPa
A11	34.0	5.3	B11	32.2	6.2
A12	33.2	11.6	B12	33.8	10.0
A13	30.9	14.8	B13	31.2	12.5
A21	37.9	5.8	B21	37.6	6.1
A22	37.5	10.5	B22	40.3	7.1
A23	33.4	14.0	B23	37.0	10.6
A31	44.8	5.9	B31	45.4	4.4
A32	43.3	6.0	B32	45.2	7.0
A33	41.7	8.3	B33	43.5	11.0
A41	52.5	2.4	B41	52.7	3.0
A42	52.2	5.9	B42	51.1	4.6
A43	50.2	6.0	B43	49.8	4.8

董晓峰等在证明掺烧造纸污泥生产轻质节能砖的可行性后，又进行了中试。中试由以下三步完成。

（1）原料的混合、均化、处理工艺

采用A11配方进行试生产，试验结果证明采用两辊两搅以上，并配合真空制砖机，可以满足生产要求。但由于造纸污泥中的有机纤维燃点低（仅为400℃左右），燃烧快、持续时间短，与普通烧结砖缓慢升温、长保温时间的烧成制度有一定的矛盾，为此进行第二步。

（2）焙烧制度对产品性能的影响规律

按 A3、A4 配方，用页岩替代黏土各生产一万余块产品，产品成型和干燥情况良好，烧制产品密度约 900kg/m³。经上海市建筑科学研究院检测站检测，其传热系数≤1.47W/(m²·K)（200mm 砖墙普通混凝砂浆砌筑），符合《夏热冬冷地区居住建筑节能设计标准》围护外墙要求，其他性能指标见表 6-10，可以满足大多数建筑工程要求。经比对，由于砖坯中所含有机纤维燃烧产生大量热量，烧成时外投煤可降低50%以上。

表 6-10 节能砖产品性能

配方	抗压强度 /MPa	5h 沸煮 吸水率/%	孔洞率 /%	泛霜	石灰爆裂	放射性	
						内照射指数	外照射指数
A3	6.72	31	37	无泛霜	无石灰爆裂	0.2	0.5
A4	8.51	28	35	无泛霜	无石灰爆裂	0.2	0.5

（3）改造生产设备，生产保温性更好的矩形孔和矩形条孔产品

将生产设备改为按交错排列的矩形孔，用压滤后含水 70%的造纸污泥直接与页岩及外加剂掺和，进行中试烧制，其产品传热系数为 1.19W/(m²·K)（240mm 砖墙普通混合砂浆砌筑），可以满足建造节能 50%建筑的要求。

目前用造纸污泥与页岩烧制保温砖的技术已有应用，据《新型建筑材料》2009 年第 9 期报道，浙江富阳新亿建材有限公司利用造纸污泥和当地丰富的页岩资源成功研制了烧结保温砖工艺。不久前，年设计生产能力 8000 万块标准砖的烧结保温砖生产线正式建成投入生产。企业正常生产日处理污泥 200 多吨，年处理污泥 6 万多吨。

6.3.2 利用造纸污泥和水泥制造轻质砖[14]

6.3.2.1 技术介绍

此技术是以造纸污泥和水泥为基料制成的轻质砖。其原料组成如下。

1）基料　造纸污泥与 32.5 级水泥以纯品计按质量比（6～5）:1 的混合物。

2）交联剂　甲醛和尿素以纯品计按质量比为（3～2）:1 的混合物。

3）发泡剂　骨胶、十二烷基苯磺酸钠、三乙醇胺按质量比（11～10）:（4～3）:1 的混合物。

其中基料与发泡剂以纯品计的质量比为 1000:（1～4），基料与交联剂以纯品计的质量比为 1000:（0.3～1.3），骨胶加入 5 倍的水加热至溶解，熬制成胶液；在搅拌机中按比例依次加入基料、交联剂、发泡剂，充分搅拌混合均匀后送入制砖机中成型，在固化室内常温固化，固化时间需 4～6d，固化好的轻质砖进行拉毛处理既得

成品。

所用造纸污泥是从造纸厂污泥脱水车间输出的无杂质污泥，含水量为 40%～50%，其有机质含量以污泥干品计为 55%～70%。

这个专利的关键创新点是：造纸污泥主要成分为纤维素、木质素，干燥固化后本身的体积密度小于 $1000kg/m^3$，再经发泡后制成的轻质砖体积密度可达到 400～$700kg/m^3$；由于砖体是通过纤维素的交联固化而形成的，不但强度高，而且富有弹性，其抗震、抗折能力都远远优于混凝土轻质砖，耐压强度达到 5.5～9.5MPa；热导率为 0.2～$0.3W/(m\cdot K)$；性能指标达到国家相关标准（国家新型墙材标准 GB/T 19631—2005 技术标准）

6.3.2.2　实施例

下面所列三个实施例采用的原料均为市购产品；所用造纸污泥为山东正大纸业排出的含水 76% 的造纸污泥，其中有机质含量以污泥干品计为 55%～70%。

实施例中产品的体积密度和耐压强度的测试方法均为常规测试方法，热导率测定采用温州三和量具仪器有限公司生产的 DRX-3030 型的热导率测定仪。

实施例中所用螺旋压滤机为上海大团压滤机有限公司生产的 DLW200-1 型的全自动叠螺式污泥脱水机。

（1）实施例 1

1）原料组分　造纸污泥 350kg，32.5 级水泥 16kg，40% 的甲醛水溶液 84g，尿素 16g，骨胶 144g，十二烷基苯磺酸钠 42g，三乙醇胺 14g。

2）生产步骤

① 造纸污泥脱水。取造纸污泥 350kg，通过螺旋压滤机进一步脱水到含水 40%。

② 基料配置。将脱水后造纸污泥置入搅拌机内，加入 32.5 级水泥 16kg，混合均匀，形成基料。

③ 交联剂制备。40% 甲醛溶液 84g 加入 16g 尿素，混合均匀既得交联剂。

④ 发泡剂的配制。骨胶 144g 加入 720g 水加热至溶，熬制成胶液，然后加入十二烷基苯磺酸钠 42g，三乙醇胺 14g 搅拌均匀既得发泡剂。

⑤ 混料成型。向混合好基料的搅拌机中加入配好的交联剂、发泡剂，充分搅拌，混合均匀，然后送入制砖机中成型，制成 6 块长 60cm、宽 24cm、高 20cm 的方柱形轻质砖，放在固化室内常温固化 6d，经过简单的拉毛处理后，每块轻质砖的重量约 16.5kg，测得体积密度和耐压强度分别为 $573kg/m^3$ 和 7.6MPa，热导率为 $0.28W/(m\cdot K)$。

（2）实施例 2

1）原料组分　原料组分同实施例 1，所不同的是取 40% 的甲醛水溶液 126g，尿素 24g。

2）生产步骤　具体步骤同实施例 1，所不同的是步骤④ 发泡剂的配制：骨胶 170g 加入 850g 水加热至溶熬制成胶液，然后加入十二烷基苯磺酸钠 50g，三乙醇胺

16g 搅拌均匀既得发泡剂。

所得轻质砖制品经过拉毛处理后测得体积密度和耐压强度分别为 $650kg/m^3$ 和 $7.2MPa$，热导率为 $0.24W/(m\cdot K)$。

（3）实施例 3

1）原料组分　原料组分同实施例 1，所不同的是取骨胶 170g，十二烷基苯磺酸钠 50g，三乙醇胺 16g。

2）生产步骤　具体步骤同实施例 1，所不同的是步骤③交联剂制备：取 40% 的甲醛水溶液 126g，尿素 24g，混合均匀既得交联剂。

6.3.3　利用造纸污泥和工业废渣烧制轻质环保砖[15]

6.3.3.1　技术介绍

本技术是以造纸污泥和工业废渣等为原料生产烧结轻质环保砖的方法。其原料组成见表 6-11。

表 6-11　利用造纸污泥和工业废渣烧制轻质环保砖的原料组成

成分	数量/份	成分	数量/份
造纸污泥粉料	30～40	碳酸钠	1～2
工程废泥渣粉料	28～38	硼砂	1～2
河涌淤泥粉料	25～35	硫酸亚铁	2～3
垃圾灰渣粉料	18～28	硫酸镁	5～9
炉渣粉料	18～28	Li 高分子重金属捕集剂	0.5～0.8
生石灰粉料	12～18	水	15～25
硫酸钙粉料	3～6		

其中造纸污泥粉料为造纸厂在生产过程中产生的工业废水和厂内生活污水，经过污水处理厂处理后分离出来的一种混合废弃物，经过脱水、除臭、杀菌消毒、螯合处理、干燥，再经磨粉、分选后制成粒径小于 2mm 的粉料。

工程废泥渣粉料为住宅建设中挖基础及地下停车场时排放的废弃泥渣和市政建设工程排放的泥砂石的一种固体废弃物，经过分选、破碎、筛分、干燥，再磨粉、分选后制成粒径为小于 2mm 的粉料。

河涌淤泥粉料为对所有被污水污染的河涌进行清理整治过程中排放的大量淤泥废沙的一种废弃物，经过脱水、除臭、消毒杀菌、螯合处理、干燥，再磨粉、分选后制成粒径小于 2mm 的粉料。

垃圾灰渣粉料为生活垃圾焚烧发电后排出的废渣，经过分选、粉碎、磁选去除废金属后，再磨粉、分选制成粒径小于 2mm 的粉料。

生产步骤为：将 30～40 重量份的造纸污泥粉料、28～38 重量份的工程废泥渣粉料、25～35 重量份的河涌淤泥粉料、18～28 重量份的垃圾灰渣粉料、18～28 重量份的炉渣粉料、12~18 重量份的生石灰粉料、3~6 重量份的硫酸钙、1~2 重量份的碳酸钠、1~2 重量份的硼砂、2~3 重量份的硫酸亚铁、5~9 重量份的硫酸镁、0.5~0.8 重量份的 Li 高分子重金属捕集剂和 15~25 重量份的水为原料，采用双轴混合搅拌机搅拌呈潮湿状，用真空挤泥机挤压成长方条型，经切坯机切割成型，在 20~30MPa 的压力下制造成砖坯，进行自然干燥。将自然干燥的砖坯送进隧道窑进行焙烧制成轻质环保砖。

由于造纸污泥含有大量有机物质，能够起到燃烧作用，利用硼砂、生石灰粉为消毒杀菌剂，硫酸钙作为固化剂，利用垃圾灰渣和炉渣替代煤炭作为造纸污泥烧结环保砖的内燃原料，因为垃圾灰渣和炉渣本身含有一定量的固定碳和挥发分，一般为 20%~30%，其发热量为 1300~2500kJ/kg，能够燃烧，为废弃物再生利用。与生石灰、硫酸钙、碳酸钠、硼砂、Li 高分子重金属捕集剂的化学原料混合制造成造纸污泥轻质环保砖坯，使砖坯的干燥速度加快，性能好，利用隧道窑进行焙烧。用硫酸亚铁为还原剂，硫酸镁为二价铁的保持剂，可使污泥中的臭气充分分解。

6.3.3.2 具体实施方式

（1）实施例 1

1）原料制备　将造纸厂在生产纸品过程中产生的工业废水和工厂内的生活污水，经污水处理厂处理后分离出的污泥，经脱水、除臭、消毒杀菌、螯合处理、干燥，再经磨粉、分选后制成粒径为小于 2mm 的造纸污泥粉料；将住宅建设中挖基础及地下停车场时排放的废弃泥渣和市政建设工程中排放的泥沙石，经过分选、破碎、粉碎、筛分、干燥，再磨粉、分选后制成粒径小于 2mm 的工程废料泥渣粉料；将对被污染的河涌进行清理整治过程中排放的大量淤泥废砂，经过脱水、除臭、消毒杀菌、螯合处理、干燥，再经磨粉、分选后制成粒径为小于 2mm 的河涌泥粉料；将生活垃圾焚烧发电后排出的废渣，经过分选、粉碎、磁选去除废金属后，经磨粉、分选制成粒径为小于 2mm 的垃圾灰渣粉料；将煤炭锅炉燃烧后排出的废渣，经破碎、分选、粉碎、磁选去除废金属后，再磨粉、分选制成粒径小于 2mm 的炉渣粉料。

2）制砖　取已制好的造纸污泥粉料 30kg、工程废泥渣粉料 38kg、河涌淤泥粉料 25kg、垃圾灰渣粉料 28kg、炉渣粉料 18kg、粒径为 0.8mm 的生石灰粉料 18kg、硫酸钙 3kg、碳酸钠 2kg、硼砂 1kg、硫酸亚铁 3kg、硫酸镁 5kg、Li 高分子重金属螯合剂 0.8kg 和水 15kg，用双轴搅拌机将上述原料混合搅拌，呈潮湿状后，利用真空挤泥机挤压成长方条型，经切坯机切割成型，在 28MPa 的压力下制成造纸污泥轻质环保砖坯，自然干燥 7d 后，再将成型干燥后的砖坯送入隧道窑焙烧，经焙烧后制成造纸污泥烧结轻质砖。经检测平均抗压强度为 14MPa，抗折强度 3.3MPa，吸水率 16.6%，体积密度 1462kg/m³，放射性为内照射 0.10mSv，外照射 0.53，均达到国家标准。

（2）实施例 2

取实施例 1 中的造纸污泥粉料 35kg、工程废泥渣粉料 36kg、河涌淤泥粉料

30kg、垃圾灰渣粉料 25kg、炉渣粉料 25kg、粒径为 0.8mm 的生石灰粉料 15kg、硫酸钙 4.5kg、碳酸钠 1.5kg、硼砂 1.5kg、硫酸亚铁 2.5kg、硫酸镁 7kg、Li 高分子重金属螯合剂 0.6kg 和水 20kg，将这些原料用双轴搅拌机混合搅拌，呈潮湿状后，利用真空挤泥机挤压成长方条型，经切坯机切割成型，在 29MPa 的压力下制成造纸污泥轻质环保砖坯，自然干燥 7d 后，再将成型干燥后的砖坯送入隧道窑焙烧，经焙烧后制成造纸污泥烧结轻质砖。经检测平均抗压强度为 12MPa，抗折强度 2.9MPa。

（3）实施例 3

取实施例 1 中的造纸污泥粉料 40kg、工程废泥渣粉料 28kg、河涌淤泥粉料 35kg、垃圾灰渣粉料 18kg、炉渣粉料 28kg、粒径为 0.8mm 的生石灰粉料 12kg、硫酸钙 6kg、碳酸钠 1kg、硼砂 2kg、硫酸亚铁 2kg、硫酸镁 8kg、Li 高分子重金属螯合剂 0.5kg 和水 25kg，用双轴搅拌机将上述原料混合搅拌，呈潮湿状后，利用机械振动挤压成型，在 30MPa 的压力下制成造纸污泥轻质空心砌块，自然干燥 7d 后，再将成型干燥后的砖坯送入隧道窑焙烧，经焙烧后制成造纸污泥烧结轻质砖。经检测平均抗压强度为 8MPa，单块最小值 6.8MPa，干燥表观密度为 1000kg/m³，干缩率 0.023%，优于国家规定的 5.0 级的标准值。

（4）实施例 4

取实施例 1 中的造纸污泥粉料 35kg、工程废泥渣粉料 32kg、河涌淤泥粉料 30kg、垃圾灰渣粉料 23kg、炉渣粉料 23kg、粒径为 0.8mm 的生石灰粉料 15kg、硫酸钙 5kg、碳酸钠 1.5kg、硼砂 1.5kg、硫酸亚铁 2.5kg、硫酸镁 7kg、Li 高分子重金属螯合剂 0.7kg 和水 20kg，将这些原料用双轴搅拌机混合搅拌，呈潮湿状后，利用真空挤泥机挤压成长方条型，经切坯机切割成型，在 26MPa 的压力下制成造纸污泥轻质环保砖坯，自然干燥 7d 后，再将成型干燥后的砖坯送入隧道窑焙烧，经焙烧后制成造纸污泥烧结轻质砖。经检测平均抗压强度为 13MPa，抗折强度 3MPa。

（5）实施例 5

取实施例 1 中的造纸污泥粉料 38kg、工程废泥渣粉料 35kg、河涌淤泥粉料 33kg、垃圾灰渣粉料 25kg、炉渣粉料 25kg、粒径为 0.8mm 的生石灰粉料 16kg、硫酸钙 6kg、碳酸钠 1.8kg、硼砂 1.8kg、硫酸亚铁 2.8kg、硫酸镁 8kg、Li 高分子重金属螯合剂 0.8kg 和水 23kg，用双轴搅拌机将上述原料混合搅拌，呈潮湿状后，利用真空挤泥机挤压成长方条型，经切坯机切割成型，在 28MPa 的压力下制成造纸污泥轻质环保砖坯，自然干燥 7d 后，再将成型干燥后的砖坯送入隧道窑焙烧，经焙烧后制成造纸污泥烧结轻质砖。经检测平均抗压强度为 14MPa，抗折强度 3.5MPa。

6.3.4 利用造纸污泥生产纤维复合板[16]

南京林业大学的连海兰等对用造纸污泥生产复合板材进行了研究。他们以杨木化机浆污泥、马尾松纤维和胶黏剂等为原料生产复合板，具体研究内容如下。

6.3.4.1 原料和工艺

（1）原材料

1）杨木化机浆污泥 污泥来自河南焦作瑞丰纸业有限公司。为典型的碱性过氧化氢机械浆（APMP）污泥，含水率 88.39％，将其干燥至含水率为 10％左右，再用自制电磨机磨成细小颗粒。经球磨机（QM-3A 型，南京大学仪器厂）球磨后，在 105℃烘至含水率为 5％左右，装入密封袋内备用。

2）纤维 马尾松纤维来自安徽滁州欧亚木业有限公司，平均粗度 0.23～0.24mg/m，含水率 8.44％。

3）胶黏剂 脲醛树脂（UF）由实验室自制，固含量（质量分数）为 52％，黏度为 50Pa·s(25℃)，pH＝7.5。

4）固化剂 氯化铵，配成 20％溶液，用量为 UF 的 1％。

（2）工艺流程

制造复合板的流程是：将造纸污泥进行干燥、碾碎、筛选、球磨、再筛选，将马尾松纤维进行干燥，然后将两者原料混合、施胶、铺装、预压、热压、冷却、裁边砂光。

以污泥用量、施胶量及热压温度为 3 个影响因素，按 $L_9(3^4)$ 进行正交实验，选出最佳工艺条件。试验热压时间为 30s/mm，最大热压压力为 6MPa，分 3 次预压，板面尺寸 300mm×300mm；目标密度 0.80g/cm³；目标厚度 10mm；喷枪喷胶，简易拌胶机内拌胶。同一条件重复 3 次。

6.3.4.2 污泥成分测定和纤维复合板性能测试

为了更好地了解污泥成分对复合板的影响，首先对污泥成分进行测定：取一定的污泥置于已恒重的坩埚中，称重，置于电炉上烧去大部分有机物，然后用纯蒸馏水润湿，加 3 滴甲基橙，缓慢滴入浓硫酸至显红色为度（可略过量）。置于电热板上加热蒸干，逐去 SO_3，然后于 800℃下在型号为 SX2-4-1 的高温炉中灼烧至恒定质量。污泥中木质素含量的测定：污泥中木质素含量的测定按国标 GB/T 2677.8—1994 进行。

性能测试主要包括两个方面。

1）物理力学性能测试 将做好板材在温度 20℃、相对湿度 60％的环境下陈放 3d，根据中密度板国家标准（GB/T 11718—1999）进行力学性能测试。

2）板材火灾燃烧性能测试 采用英国 fire testing technology（FIT）公司锥形量热仪，按照《对火的反应试验·热释放率、发烟率和质量损失率（锥形热量计法）》（ISO 5660）进行。试样的受热表面积为 100mm×100mm，厚度为纤维板的实际厚度。试验中热辐射功率为 50 kW/m²，相应的温度为 780℃。

（1）造纸污泥的基本性能分析

实验中所用污泥为典型的碱性过氧化氢机械浆（APMP），表层颜色呈土黄，内部成灰黑色，内含少量纤维，且有尼龙绳、沙子等少许杂质，气味较大。测其堆积密度（即松散密度）为 0.61g/cm³，另测其基本成分含量，可知污泥中无机物质量分数较高，为 55.84%；有机物质量分数为 44.16%；酸不溶木素质量分数为 17.75%，酸溶木素质量分数为 4.3%。由此可以看出，污泥中仍有部分木质素存在，这将对其添加到纤维板中提高纤维板的内结合强度有利。另有部分细小纤维，质量分数 8%～9%，这部分纤维仍可用作纤维板的纤维原料，从而可以节约木质纤维的用量。

（2）复合板性能分析

将纤维原料干燥后与造纸污泥碎料混合制作中密度纤维板。实验过程中发现，由于污泥的堆积密度较大，污泥加入后板坯的蓬松度降低。当污泥用量为 15% 时，预压前板坯的自然厚度由 35～40cm 降低到 25cm 左右，板坯的密实性明显增加，这一方面提高了板坯自身的支承强度，减少在运输过程中的散落，另一方面也可缩小压机的开挡。

污泥纤维板物理力学性能实验结果见表 6-12，实验结果的极差分析见表 6-13。

表 6-12　污泥纤维复合板物理力学性质

序号	污泥用量/%	施胶量/%	热压温度/℃	实际密度/(g/cm³)	IB/MPa	MOR/MPa	MOE/MPa	TS/%
1	5	8	165	0.86	0.67	40.12	4675	5.51
2	5	10	175	0.86	0.64	29.33	3599	5.93
3	5	12	185	0.83	0.61	31.55	3394	4.83
4	10	8	175	0.82	0.63	31.78	3162	5.55
5	10	10	185	0.89	0.81	28.15	3001	5.23
6	10	12	165	0.87	0.79	28.62	3006	6.43
7	15	8	185	0.88	0.87	21.00	2706	5.58
8	15	10	165	0.85	0.78	30.33	2973	5.56
9	15	12	175	0.89	1.0	30.73	3048	4.26

注：IB 为内结合强度；MOR 为静曲强度；MOE 为弹性模量；TS 为吸水厚度膨胀率；数据均为平均值。其中 IB 样本量为 12，TS 样本量为 8，MOE、MOR 样本量为 4。

表 6-13　正交实验极差分析

性能指标	水平	因素		
		A（污泥用量）	B（施胶量）	C（热压温度）
IB/MPa	K1	0.64	0.72	0.75
	K2	0.74	0.74	0.76
	K3	0.88	0.80	0.76
	R	0.24	0.16	0.10
MOR/MPa	K1	33.67	30.97	33.02
	K2	29.52	29.27	30.61
	K3	27.35	30.30	26.90
	R	6.31	1.70	6.12

性能指标	水平	因素		
		A(污泥用量)	B(施胶量)	C(热压温度)
MOE/MPa	K1	3889	3514	3551
	K2	3056	3191	3270
	K3	2909	3149	3034
	R	980	365	518
TS/%	K1	5.42	5.55	5.83
	K2	5.74	5.57	5.25
	K3	5.13	5.17	5.21
	R	0.61	0.40	0.62

由极差分析可以看出：在各影响因素中，污泥加入量对污泥/纤维复合板的各项物理强度性能影响均最大，尤其是对内结合强度的影响最大；其次是热压温度的影响，施胶量对板的各项强度性能影响最小。各因素对吸水厚度膨胀率的影响均不明显。由极差分析还可得出以下结论。

① 随着污泥加入量的增加，复合板的内结合强度（IB）增加，污泥加入量从 5％增加到 15％，IB 从 0.64MPa 增加到 0.88MPa，增加幅度达 37.5％；这是由于污泥的颗粒直径比较细小，加入板中，主要起填充作用，增加了纤维间的结合，板材强度提高。同时，由于加入了一定量的污泥颗粒，复合板的静曲强度（MOR）和弹性模量（MOE）则随着污泥加入量的增加而下降。这是因为对纤维板而言，纤维形态对板的力学性能的影响较大：长纤维交织性能好，有利于提高板的强度性能；适当含量的短纤维又可以填补纤维之间的空隙，提高纤维间的胶结性能、产品密度和结合强度。但细碎组分比例过高将导致产品强度降低，尤其是抗弯性能。而杨木化机浆污泥原始粒径尺寸小于 75μm 的占多数，细小组分含量偏多，因此对产品的抗弯强度有一定影响。

② 随着施胶量的增加，IB 略有升高，但升高幅度不大，施胶量从 8％增加到 12％，IB 从 0.72MPa 增加到 0.80MPa，增加幅度只有 10％，这是由于在施胶过程中采用喷枪雾化喷胶，在施胶量为 8％时，胶料就可以在原料表面比较均匀地分布，因此所有板的 IB 均较好，过多的施胶量既造成成本的增加，也易造成因胶层过厚而影响结合；同样的原因，使得施胶量对 MOR 和 MOE 的影响均较小。

③ 从表 6-12 中还可看出热压温度对 IB 的影响也较小，温度从 165℃升高到 175℃，IB 略有升高，继续升温，IB 基本不变；但 MOR 和 MOE 均下降。这是因为温度升高造成板面胶黏剂的过度固化，同时纤维开始发生少量热降解，污泥中的部分小分子有机物也逐渐挥发，从而使板内出现小部分空隙，影响抗弯强度。

经过对照 GB/T 11718—1999 中密度纤维板国家标准中的室内型板物理力学性能指标可以发现，所有试验板的 MOE、MOR、IB、TS 均优于国家标准，属于优等品。为尽可能多地增加污泥用量，从而达到减少木纤维的用量，降低生产成本的目的，正交实验最终优化条件确定为：污泥加入量为 15%，施胶量 8%，热压温度 165℃。

根据前面所做的试验结果进行了重复性试验，并与不添加造纸污泥的纤维板进行了对比结果见表 6-14。

表 6-14 污泥纤维板优化实验结果

板号	A/%	B/%	C/%	实际密度/(g/cm³)	MOE/MPa	MOR/MPa	IB/MPa	TS/%
A1	0	165	8	0.81	3624	34.35	0.59	4.94
A2	15	165	8	0.76	2957	23.29	0.65	5.41
国家标准/优等品	—	—	—	0.72~0.88	≥2500	≥22	≥0.6	≤12

注：数据均为平均值。其中 IB 样本量为 12，TS 样本量为 8，MOE、MOR 样本量为 4。

同时，试验组又对两组纤维板的燃烧特性进行了对比试验，试验结果见表 6-15。从表 6-15 可以看出，加入污泥后，点燃时间基本不变化；而有效燃烧热略有降低，说明挥发性产物中可燃性物质的比例减少，一定程度地抑制了生成可燃性挥发产物的木材纤维的热解过程。而质量损失速率，则显示加入污泥的纤维板有效质量损失速率均低于不加污泥的纤维板，这说明在一定燃烧强度下，加入污泥后纤维板的热裂解程度降低，挥发及燃烧程度降低，炭生成量略高于不加污泥的纤维板，成炭有利于降低热释放和烟释放，即火灾危险性有所降低。

表 6-15 纤维板的燃烧性能

板号	污泥用量/%	释热速度/(kW/m²)		释热总量/(MJ/m²)	有效燃烧热/(MJ/kg)	质量损失速率/[g/(s·m²)]	点燃时间/s
		HRR	pkHRR				
A1	0	103.68	209.97	72.10	10.92	0.084	12
A2	15	95.83	187.27	69.53	10.64	0.08	11

6.3.4.3　试验结论

① 杨木化机浆污泥中仍含有纤维和木质素等多种成分，用于复合纤维板的制造时，需对其先进行干燥磨细处理。

② 随着污泥用量的增加，污泥纤维复合板的内结合强度提高，但弯曲强度降低。

③ 综合分析各影响因素，认为污泥用量为 15%，脲醛树脂胶黏剂施胶量为 8%，热压温度为 165℃等条件下，生产的污泥/纤维复合板的各项物理力学性能均达到我国现行的中密度纤维板 GB/T 11718—1999 国家标准中用于室内的优等品的产品要求。

④ 纤维板的组成特点决定其火灾危险性较高，加入污泥后，可降低热释放速率，减缓燃烧过程中热量的释放，同时质量损失速率也有所降低，炭生成量略有提高，因此污泥纤维复合板的火灾危险性降低。

6.3.5　利用造纸污泥灰制备硅酸钙板（CN 105601184 A）

济南大学的宫晨琛、胡大峰、赵丕琪等研制了一种利用造纸污泥、细砂、水泥、粉煤灰等材料生产硅酸钙板的方法。

具体工艺步骤如下。

① 将重量百分比为30％～60％造纸污泥与40％～70％细砂混合均匀，喷洒在滤布上方，至物料厚度5～10cm，在2～4MPa条件下加压30～180s成型，得硅酸钙板骨架；

② 将重量百分比为35％～55％的水泥、20％～57％的粉煤灰与8％～25％的水混合均匀，得料浆；

③ 将料浆均匀喷洒在硅酸钙板骨架上方，同时从滤布下方施加2～4MPa压力抽滤10～60s，然后在上方施加3～8MPa的压力并维持10～60s，得湿板；

④ 将湿板在40～65℃下烘干，得到硅酸钙板。烘干是用红外线干燥机烘干1～4h。造纸污泥为造纸厂中段废水处理过程中产生的污泥产品，主要成分为硅铝酸钙、硫酸钙和木质纤维，木质纤维质量含量＞25％。

将造纸污泥与细砂单独混合并加压定型，通过细砂的粗颗粒将造纸污泥中的纤维团打开，提高造纸污泥中的纤维在硅酸钙板中的分散均匀性，并有效防止引入料浆时纤维的二次团缩，显著提高硅酸钙板的韧性、抗冲击性能和耐久性。

而通过加压和抽滤，不仅使得料浆均匀充满硅酸钙板骨架，大大改善了硅酸钙板内部的均匀性，同时制备的湿板内水分含量明显降低，避免红外线快速干燥时氢氧化钙、钙矾石等结晶体积变大的水化产物晶粒尺寸过大，产生体积应力而导致板材开裂，减少水分在高温挥发时留下的孔隙，提高了硅酸钙板的致密度，进而提高硅酸钙板的整体性能。

（1）实施例1

① 将重量百分比为30％的造纸污泥与70％的细砂混合均匀，喷洒在滤布上方，至物料厚度10cm，在2MPa条件下加压180s成型，得硅酸钙板骨架；

② 将重量百分比为35％的水泥、57％的粉煤灰与8％的水混合均匀，得料浆；

③ 将料浆均匀喷洒在硅酸钙板骨架上方，同时从滤布下方施加2MPa压力抽滤60s，然后在上方施加8MPa的压力并维持60s，得湿板；

④ 将湿板在65℃下在红外线干燥机烘干1h，得到硅酸钙板。

根据《纤维增强硅酸钙板》（JC/T 564.2—2008）测得抗折强度为16.7MPa，抗冲击强度为2.37kJ/m^2；落球法试验冲击一次，板面无贯通裂纹；湿胀率为0.18％，热收缩率为0.37％。

（2）实施例2

① 将重量百分比为45％的造纸污泥与55％的细砂混合均匀，喷洒在滤布上方，至物料厚度8cm，在3MPa条件下加压100s成型，得硅酸钙板骨架；

② 将重量百分比为 45% 的水泥、40% 的粉煤灰与 15% 的水混合均匀，得料浆；

③ 将料浆均匀喷洒在硅酸钙板骨架上方，同时从滤布下方施加 3MPa 压力抽滤 40s，然后在上方施加 5MPa 的压力并维持 35s，得湿板；

④ 将湿板在 55℃ 下在红外线干燥机烘干 3h，得到硅酸钙板。

根据《纤维增强硅酸钙板》(JC/T 564.2—2008) 测得抗折强度为 18.7MPa，抗冲击强度为 2.42kJ/m²；落球法试验冲击一次，板面无贯通裂纹；湿胀率为 0.18%，热收缩率为 0.36%。

（3）实施例 3

① 将重量百分比为 60% 的造纸污泥与 40% 的细砂混合均匀，喷洒在滤布上方，至物料厚度 5cm，在 4MPa 条件下加压 30s 成型，得硅酸钙板骨架；

② 将重量百分比为 55% 的水泥、20% 的粉煤灰与 25% 的水混合均匀，得料浆；

③ 将料浆均匀喷洒在硅酸钙板骨架上方，同时从滤布下方施加 4MPa 压力抽滤 10s，然后在上方施加 3MPa 的压力并维持 10s，得湿板；

④ 将湿板在 40℃ 下在红外线干燥机烘干 4h，得到硅酸钙板。

根据《纤维增强硅酸钙板》(JC/T 564.2—2008) 测得抗折强度为 19.7MPa，冲击强度为 2.61kJ/m²；落球法试验冲击一次，板面无贯通裂纹；湿胀率为 0.17%，热收缩率为 0.36%。

6.3.6　利用造纸污泥制备外墙涂料（CN 106010035 A）

陕西科技大学韩卿、张拓和王卫娟发明了一种利用造纸污泥生产外墙涂料的方法。将制浆造纸废水处理产生的污泥副产物作为建筑涂料制备过程的填料加以利用，以实现资源化利用造纸污泥的目的，以期产生良好的社会效益和经济效益。

此外墙涂料的组成为（按质量份计）：固含量为 50% 的聚丙烯酸酯乳液 2.5～3.5 份、固含量为 2% 的羧甲基纤维素钠水溶液 55～65 份、绝干量 25～30 份的造纸污泥、颜料 2.5～3.5 份、消泡剂 0.2 份、防腐剂 1 份。

其中造纸污泥为以废旧瓦楞箱纸为主要原料进行造纸，以麦草、芦苇或木材自制浆为主要原料进行造纸，或者以商品浆为主要原料进行造纸的企业在其废水处理过程中产生的含生化污泥的混合污泥，其中灰分含量为 50%～60%，有机质含量为 40%～50%；所述造纸污泥为湿态污泥或晾晒后的干污泥；其中，湿态污泥调浓至 10% 后采用 200 目筛网进行筛选处理，然后脱水至 30%～40% 的干度使用；干态污泥经粉碎研磨后取过 300 目筛份使用。

制备方法：先在涂料分散机中加水，然后加入羧甲基纤维素钠溶液，在转速 1000～2000r/min 下依次加入造纸污泥、颜料、消泡剂和防腐剂，搅拌 30～50min；再加入聚丙烯酸酯乳液，搅拌 15～20min 获得外墙涂料。

制得涂料的固含量符合 GB/T 1725—2007 要求，附着力 ISO 等级可达 1 级，耐水性符合 GB 3186—2006 的规定。本发明所用主要原料造纸污泥是一种工业废弃物，其利用成本极低。发明所述涂料的制备工艺简单易行，生产周期较短，无二次污染物产生，可实现对造纸污泥减量化和无害化利用的目的。

（1）实施例1

首先向分散机中加水，然后加入质量分数2%的羧甲基纤维素钠水溶液60g，在1000r/min速率下缓慢加入3g铁黄、1g防腐剂A-04、0.2g消泡剂XP-502E以及绝干量为27g的废旧瓦楞纸箱造纸污泥搅拌，机械分散30～50min，再缓慢加入3g聚丙烯酸酯乳液后继续机械分散15～20min，即可制得目标外墙涂料产品，其固含量为40%。

（2）实施例2

首先向分散机中加水，然后加入质量分数2%的羧甲基纤维素钠水溶液65g，在1500r/min速率下缓慢加入3g铁蓝、1g防腐剂A-04、0.2g消泡剂XP-502E以及绝干量为30g的废旧瓦楞纸箱造纸污泥搅拌，机械分散30～50min，再缓慢加入聚丙烯酸酯乳液3.5g后继续机械分散15～20min，即可制得目标外墙涂料产品，其固含量为45%。

（3）实施例3

首先向分散机中加水，然后加入质量分数2%的羧甲基纤维素钠水溶液55g，在2000r/min速率下缓慢加入总质量3.5g的铁蓝和铁黄、1g防腐剂A-04、0.2g消泡剂XP-502E以及绝干量为25g的以麦草、芦苇或木材自制浆造纸污泥搅拌，机械分散30～50min，再缓慢加入聚丙烯酸酯乳液2.5g后继续机械分散15～20min，即可制得目标外墙涂料产品，其固含量为35%。

（4）实施例4

首先向分散机中加水，然后加入质量分数2%的羧甲基纤维素钠水溶液62g，在1800r/min速率下缓慢加入2.5g的铁绿、1g防腐剂A-04、0.2g消泡剂XP-502E以及绝干量为30g的商品浆造纸污泥搅拌，机械分散30～50min，再缓慢加入聚丙烯酸酯乳液2.5g后继续机械分散15～20min，即可制得目标外墙涂料产品，其固含量为38%。

6.4 造纸污泥堆肥技术

造纸污泥作为一种生物固体废弃物，它含有大量的纤维素类有机质和氮、磷、钾、钙、镁、硅、铜、铁、锌、锰等多种植物营养成分，有效含量比猪粪还高，无重金属积累，是一种质优价廉的有机肥料资源，但它含有多种病原菌，易腐败发臭。目前，随着国家环保要求的增高，填埋处理日益受限，而我国作为农业大国，对于肥料的需求很大，且由于土地的过度耕种，导致肥力下降，所以对有机肥的需求逐步增加，因此国内对造纸污泥堆肥的研究日益增多。

6.4.1 堆肥技术概述

6.4.1.1 堆肥技术

堆肥技术包括分选处理系统，有机物好氧发酵系统和有机复合肥配制系统。堆肥过程实质是在人工控制条件下，在一定温度和 pH 值下，通风供氧，利用好氧嗜温菌与嗜热菌对其中有机物进行生物化学分解，使之变成稳定的有机质，并利用发酵过程中产生的温度杀死有害微生物以达到无害化的处理技术。

堆肥化系统有三种分类方法：按需氧程度分，有好氧堆肥和厌氧堆肥；按温度分，有中温堆肥和高温堆肥；按技术分，有露天堆肥和机械密封堆肥。此处主要是指好氧堆肥。

好氧堆肥是依靠专性和兼性好氧细菌的作用使有机物得以降解的生化过程。好氧堆肥具有对有机物分解速度快、降解彻底、堆肥周期短的特点。一般一次发酵在 4～12d，二次发酵在 10～30d 便可完成。

好氧堆肥的中温和高温两个阶段的微生物代谢过程称为一次发酵也叫主发酵。它是指从发酵初期开始，经中温、高温然后到达温度开始下降的整个过程，一般需要 10～12d，其中高温阶段持续时间较长。

二次发酵是指经过一次发酵后，堆肥物料中的大部分易降解的有机物已经被微生物降解了，但还有一部分易降解和大量难降解的有机物存在，需将其送到后发酵仓进行二次发酵，也称后发酵，使其腐熟。在此阶段温度持续下降，当温度稳定在 40℃左右时即达到腐熟，一般需 20～30d。

6.4.1.2 好氧堆肥的基本工艺流程[17]

好氧堆肥的基本工序一般由前处理、主发酵（一次发酵）、后发酵（二次发酵）、后处理、脱臭及贮存等组成，见图 6-9。底料为堆肥系统处理对象，一般为污泥、生活垃圾、农林废物等。调理剂为分两种：一种是结构调理剂，是一种加入堆肥底料的物料，主要目的是减少底料容重，增加底料空隙，从而有利于通风；另一种是能源调理剂，是加入堆肥底料的一种有机物，用于增加可生化降解有机物的含量，从而增加混合物的能量。

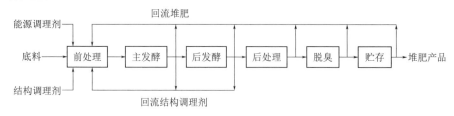

图 6-9 好氧堆肥工艺流程示意

（1）前处理

前处理一般包括破碎、分选、筛分等工序，主要目的是：

① 去除底料中不能堆肥的物质，提高底料的有机物含量；

② 调整底料颗粒度，因为颗粒度的大小决定着发酵时间的长短和发酵速率的快慢；

③ 调节底料的含水率；

④ 调节 C/N 比，适宜的 C/N 比不仅可以提高堆肥的生产效率，还可保证高效堆肥；

⑤ 调节微生物含量。

（2）主发酵（一次发酵）

通常，在严格控制通风量的情况下，将堆温升高至开始降低为止的阶段称为主发酵阶段。主发酵可在露天或发酵装置内进行，通过翻堆或强制通风向堆层或发酵装置内的物料供给氧气。此时在微生物的作用下，物料开始发酵，首先是易分解物质被分解，产生 CO_2 和 H_2O 并放出热量，使堆温上升，同时微生物吸取有机物的营养成分合成新细胞进行自身繁殖。

发酵初期物质的分解作用是靠嗜温菌（30～40℃为最适宜生长温度）进行的，随着堆温上升，最适宜温度为 45～65℃的嗜热菌取代嗜温菌，堆肥从中温阶段进入高温阶段。此时应采取温度控制手段，以免温度过高，同时应确保供氧充足。经过一段时间后，大部分有机物被降解，各种病菌被杀灭，堆温开始下降。

（3）后发酵（二次发酵）

主发酵产生的堆肥半成品被送至后发酵工序，将主发酵工序尚未分解的易分解和较难分解的有机物进一步分解，使之转化为比较稳定的有机物，得到完全腐熟的堆肥制品。通常，是把物料堆积到高 1～2m，通过自然通风和间歇性翻堆，进行敞开式后发酵。

在这一阶段的分解过程中，反应速率降低，耗氧量下降，所需时间较长，后发酵时间通常为 20～30d。

（4）后处理

对二次发酵后的物料进行进一步的除杂，还可包括压实造粒和包装等工序。

（5）脱臭

主要是去除堆肥过程中产生的臭气，除臭的方法主要有化学除臭剂除臭、碱水和水溶液过滤、活性炭等吸附剂吸附除臭等，常用的除臭装置是堆肥过滤器。

6.4.1.3 堆肥过程的影响因素

（1）C/N 比和 C/P 比

在微生物分解所需的各种元素中，碳和氮是最重要的。C 提供能源和组成微生物细胞 50%的物质，N 则是构成蛋白质、核酸、氨基酸、酶等细胞生长必需物质的重要元素。堆肥 C/N 比应满足微生物所需的最佳值 25～35，最多不能超过 40。

P 是磷酸和细胞核的重要组成元素，也是生物能 ATP 的重要组成部分，一般要求 C/P 比在 75～150 为宜。

（2）含水率

微生物需要从周围环境中不断吸收水分以维持其生长代谢活动，微生物体内水及流动状态水是进行生化反应的介质，污泥中的有机营养成分也只有溶解于水中才能被微生物摄取吸收。所以水分是否适量直接影响堆肥的发酵速度和腐熟程度。

堆肥原料的最佳含水率通常是在 50％～60％，含水率太低（＜30％）将影响微生物的生命活动，太高也会降低堆肥速度，导致厌氧分解并产生臭气及营养物质的沥出；当含水率＜10％，微生物的繁殖会停止。

（3）温度

温度是堆肥顺利进行的重要因素，温度的作用是影响微生物的生长，一般认为高温菌对有机物的降解效率高于中温菌。初堆肥时，堆体温度一般与环境温度一致，经过中温菌 1～2d 的作用，堆肥温度能达到高温菌的理想温度 50～65℃，在这样的高温下，一般堆肥只要 5～6d 即可达到无害化。过低的温度将大大延长堆肥达到腐熟的时间，但当温度超过 70℃时会对菌类产生有害影响。

（4）通风供氧

对于好氧堆肥，一般要求堆体中的氧含量保持在一定范围之间，含氧量过低会导致厌氧发酵，含氧量过高则会使堆体冷却，导致病原菌大量存活，因此在好氧堆肥过程中要进行通风，以维持堆体中氧的含量。

通风供氧的多少与堆肥原料中有机物含量、挥发度、可降解系数等有关，堆肥材料中有机碳越多，其好氧率越大。堆肥过程中合适的氧浓度为 18％，最低为 8％。

常用的通风方法有自然通风供氧；向堆体中插入通风管通风供氧；利用斗式装载机及各种专用翻推机翻推通风和利用风机强制通风供氧。

（5）pH 值

微生物的降解活动，需要一个微酸性或中性的环境条件。适宜的 pH 值为 6.5。

（6）接种剂

向堆料中加入接种剂可以加快堆肥材料的发酵速度。向肥堆中加入分解较好的厩肥或加入占原始材料体 10％～20％的腐熟肥，能加快发酵速度。在堆制中，按自然的方式形成了参与有机废弃物发酵以及从分解产物中形成腐殖质化合物的微生物群落。通过有效的菌系选择，从中分离出具有很大活性的微生物培养物，建立人工种群——堆肥发酵要素母液。

（7）堆肥原料尺寸

因为微生物通常是在有机颗粒的表面活动，所以减小有机颗粒的尺寸，增加表面积，可促进微生物的活动，加快堆肥发酵速度。

6.4.2　造纸污泥堆肥技术研究

华南农业大学王德汉等[18]对造纸生化污泥的好氧高温堆肥技术进行了研究。其研究结果如下。

6.4.2.1　堆肥原料

研究用的堆肥主体原料为广州造纸厂脱水生化污泥，由于污泥不是疏松的物料，容易结块，空隙小，不利于好氧发酵，因此在堆肥时应加入调理剂与膨松剂，以调整物料的状况，满足堆肥工艺对物料的要求。调理剂选用鸡粪及少量尿素，以调节 C/N 比，膨松剂为造纸厂堆放的陈旧树皮，为了加速堆肥，还添加了自制的发酵菌，它是一类富含纤维素降解菌的有机肥料，例如利用马粪、米糠、食用菌菇渣与糖厂滤泥为原料进行好氧发酵 1 个月。

6.4.2.2　堆肥方法

堆肥在两个带盖的水泥池进行，每个池子的体积为 1m×1m×1m，池子四壁用隔热砖砌成，池子备有定时强制通风设备，池底有通风管道，并由多个曝气孔通气供氧，堆肥流程如图 6-9 所示。

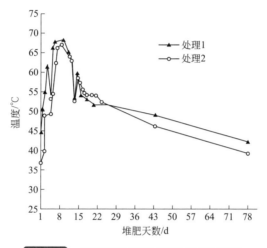

图 6-10　造纸污泥堆肥过程中温度的变化

取 700kg 的湿污泥与 300kg 风干污泥混合，加入一定量的鸡粪、尿素、10%（对污泥量）的陈旧树皮，混合均匀，备料 2 份。

处理 1-1 号池添加 5%（对污泥量）的自制发酵菌。处理 1-2 号池不加发酵菌，调节 2 个池堆肥原料的水分为 60% 左右，C/N 为 30～40。试验在第 5 天、第 13 天、第 24 天、第 44 天、第 79 天移出污泥进行翻堆，均匀取样后入池继续发酵。鼓风机由定时器控制，前 13d 内 24h 通风，每小时通风 10min，堆肥 13d 后视温度情况白天间断通气，两个池通气管并联。

6.4.2.3　堆肥结果

（1）造纸污泥堆肥过程中物理化学指标变化

1）温度　对堆肥而言，温度是堆肥的重要因素，其作用主要是影响微生物的生长，一般认为高温菌对有机物的降解效率高于中温菌，高温好氧堆肥正是利用这一点。堆肥过程可划分为 4 个阶段，即中温、高温、降温及熟化或稳定阶段。

在堆肥的初期阶段，物料温度为其环境的温度，当堆内中温微生物代谢和繁殖时，堆内温度迅速升高，由图 6-10 可知，在 2～8d 是堆体温度迅速上升的阶段，这是由于污泥成堆时，物料具有一定的隔热性，产生的热量被保留，导致堆体温度迅速升高，并很快达到最高温度。堆体在堆肥化的第 2 天温度就达到 50℃ 以上，在第 5 天进行了一次翻堆后，由于热量的大量损失，翻堆后的一天稍有下降，然后在嗜热微生物的分解作用下堆体的温度又再次迅速上升，并在翻堆后的第 4 天达到最大值 60℃ 以上。

从图 6-10 还可以看出，堆体温度在第 13 天后开始下降。随着温度的继续升高，中温微生物活动减弱并被嗜热微生物所取代，达到最高温度（温度超过 60℃）时，嗜热微生物死亡，唯有产孢细菌和放线菌继续存活，但随着易利用有机组分的耗竭，微生物的代谢活动减弱，产生的热量与堆表面散失的热量持平，温度不再上升，随着代谢活动的进一步减弱，产生出的热量小于散失的热量，物料温度开始下降。

从开始堆肥到堆体温度达到最高的时间段称之为主发酵阶段，而堆体温度从最高温度开始下降到堆体深度腐熟，堆肥产物进一步稳定这个阶段称之为后发酵阶段。物料的分解是放热过程，使堆体温度上升，同时气体交换供氧过程带走部分热量，两者综合作用控制堆体温度的变化，本堆肥试验翻堆维持在 50℃ 以上高温的时间较长，一方面是由于不断的翻堆使物料混合均匀，分解彻底，产生的热量较多；另一方面可能是由于气体交换供氧过程所带走的热量少，如果高温期太长，只有通过增加翻堆次数来控制堆肥温度，以保证堆肥的肥效。当然，较高的温度以及适当的高温期有利于使堆肥的无害化处理进行得更加彻底，使堆出来的肥料高效、无害。

由图 6-10 还可以看出，处理 1 和处理 2 的温度变化趋势一样，都是由堆肥开始时的低值到堆料急剧分解时的高值，再到堆料分解减缓的低值，但处理 1 的物料温度比处理 2 升得快，而且高。这主要是处理 1 添加了培养菌。该菌富含纤维素分解菌，能促进物料分解，使得处理 1 的物料分解速率加快，释放出来的热量增多。

2）水分　水分也是影响堆肥效果的重要因素。水分的多少，直接影响好氧堆肥反应速率的快慢、堆肥质量，甚至影响好氧堆肥工艺的成败。大量的研究结果表明，堆肥的起始含水量一般为 50%～60%。如含水量太高，会使堆体自由空间太少，通气性差，形成厌氧状态；水分含量过低，不利于微生物的生长。王德汉等的试验堆肥物料是由脱水污泥、风干污泥、鸡粪、树皮及少量尿素组成，而干湿污泥混合后，其含水率控制在 60% 左右，所以，整个堆肥过程的含水率都保持适中。经过 5 天的强制通气堆肥，低分子糖类有机物优先分解，产生少量水，致使堆体水分稍微升高，但随着堆肥高温期的进行，堆体内水分不断蒸发，由于造纸污泥纤维多，透气性较好，加上定期通气，水分散失快，所以堆肥过程中物料的水分保持下降趋势，处理 1 由于温度高，有机质降解快，其水分损失比处理 2 多（图 6-11）。

3）pH 值　一般微生物最适宜的 pH 值是中性或弱碱性，pH 值太高或太低都会使堆肥遇到困难，在整个堆肥过程中，pH 值随时间和温度的变化而变化。本试验对混料和 5 次翻堆采样的测定结果表明，在堆肥初始阶段，由于堆料中加入了尿素及物料分解产生了大量 NH_4^+-N，导致 pH 值的上升较快，随后由于有机质分解产生有机酸，与污泥中铵态氮中和，使 pH 值下降，由于有机质的缓冲作用，堆体总体还呈弱碱性。由于处理 1 加了培养菌，而这类菌对纤维素物质有很好的分解能力，所以堆料中的有机氮很快被分解为铵态氮，并在 pH 值为 7.0 左右时以氨气的形式逸入大气，因此处理 1 的 pH 值下降较快，低于处理 2（图 6-12）。

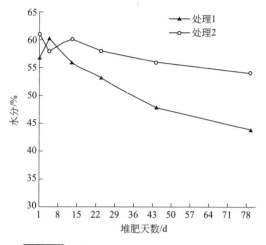

图 6-11 造纸污泥堆肥过程中水分的变化

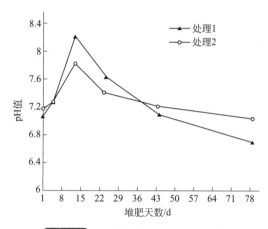

图 6-12 堆肥过程中 pH 值的变化

4）电导率　污泥中的水溶性盐是一种电解质，其水溶液具有导电作用。在一定的浓度范围内，堆肥的水溶液含盐量与电导率呈正相关。因此，测定堆肥中电导率的数值能反映肥料含盐量的高低，但不能反映混合盐的组成。从图 6-13 可知，本试验中电导率的变化是先上升后下降，这种变化趋势正与 NH_4^+-N、K^+ 等盐含量变化相吻合。堆肥的初始阶段，由于堆体温度较高，细菌活性很强，低分子有机质释放 NH_4^+-N、K^+ 较多，随着堆肥化的进行，温度下降，供氧不足，堆料分解主要以厌氧为主，生成 NO_3^--N 较多，释放的盐分易随水渗漏流失，电导率会逐渐下降。另外，本试验还发现，造纸污泥与城市污泥一样，虽然同样具有高电导率，但对种子刺激作用却不同。取不同堆肥时期的造纸污泥浸出液，加入小白菜种子培养，均发现种子发芽率在70%以上，这说明了电导率并不是影响种子发芽率的唯一因素。

5）C/N 比与 N、P、K 总量　造纸污泥本身富 C 缺 N，C/N 比较高，通过添加鸡粪与尿素，补充 N 源，C/N 比下降，促进了微生物的大量繁殖。堆肥过程中由于物料的分解，有机碳在不断矿化，堆肥量也随之减少，总 N 先下降后增加，两者相比，C/N 比在不断下降，其中处理 1 的 C/N 比下降较大，C/N 的变化与其他原料堆肥一样，图 6-14～图 6-17 反映了这种变化趋势。与总 N 不同，总 P、K 不会挥发损失，其含量在持续上升。

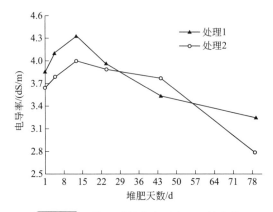

图 6-13　堆肥过程中电导率 EC 的变化

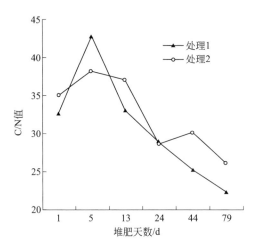

图 6-14　堆肥过程中 C/N 的变化

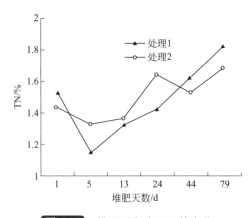

图 6-15　堆肥过程中 TN 的变化

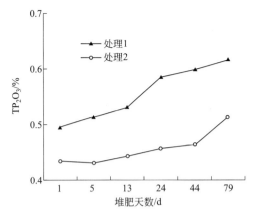

图 6-16 堆肥过程中 TP 的变化

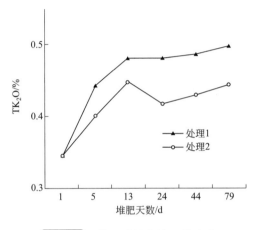

图 6-17 堆肥过程中总 K 的变化

6）有效 N、P、K 堆肥过程中，铵态氮在 1～13d 内是逐渐上升，第 13 天时达到最大，由于处理 1 初始总 N 含量比处理 2 高，加上添加了发酵菌，因而处理 1 的有机氮矿化快。从图 6-18 可以看出，13d 后，铵态氮开始下降，转化为硝态氮，硝态氮在逐步上升，在 79d 时，铵态氮只有近 100mg/kg 左右，从图 6-18 中铵态氮与硝态氮转化可以看出，污泥堆肥在逐渐腐熟。

图 6-19、图 6-20 分别表示堆肥中有效磷与钾的变化，处理 2 的有效磷与钾一直是不断上升，而处理 1 的有效磷与钾的变化是先上升而后平缓下降，但总体是上升趋势，这反映了两个处理的污泥在有机质降解与腐殖化方面的差异，同时与两处理堆肥水分的减少程度有关。

（2）堆肥过程中阳离子交换量（CEC）变化与作物影响的相关性

堆肥过程中 CEC 变化反映出污泥中有机质被氧化成有机酸的程度，是堆肥腐殖化作用的重要指标，CEC 的增加表示堆肥的保肥能力与养分的生物有效性也增加。Harada 等对城市垃圾的研究表明：其堆肥在发酵阶段开始的前 7d，CEC 上升，接下来的 2d 下降，然后再缓慢上升直到堆肥结束。而从图 6-21 可以看出，造纸污泥本身的 CEC 较高，主要是污泥含有较多的纤维素，同时堆肥过程中污泥的 CEC 在不断增加，其上升趋势与图 6-19、图 6-20 有效磷、钾的变化一致。

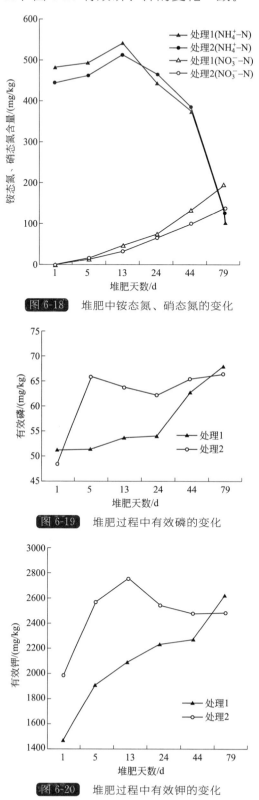

图 6-18　堆肥中铵态氮、硝态氮的变化

图 6-19　堆肥过程中有效磷的变化

图 6-20　堆肥过程中有效钾的变化

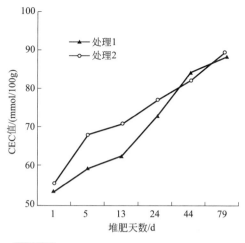

图 6-21 堆肥过程中阳离子交换量的变化

将不同时期的堆肥产品配成栽培基质，用泥炭土对比试种玉米，其增产率见图 6-22。相对泥炭土而言，造纸污泥堆肥产品对玉米的增产率随堆肥时间增加而上升，增产幅度在 2.5%～45% 之间，这主要是因为造纸污泥中养分比泥炭高，特别是经过近 1 个月堆肥，其养分有效性提高，对玉米增产率明显上升，处理 1 优于处理 2。

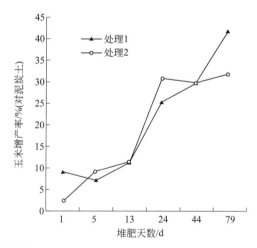

图 6-22 不同时间的堆肥产品对玉米生物量的影响

种子发芽率是检测堆肥样品中残留植物毒性的可靠方法，同时也是评价堆肥腐熟度的指标之一。图 6-23 反映了不同时间的堆肥对小白菜种子发芽的影响，未堆肥的造纸污泥浸提液对小白菜种子发芽率为 100%，随着堆肥进行，发芽率大幅度下降，在堆肥近 1 个月时，发芽率开始上升，经过 79d 堆肥，发芽率又达到 100%。堆肥中期小白菜种子发芽率下降主要是浸提液中铵态氮太高所致。造纸污泥与城市污泥不同，其主要成分是天然纤维素类有机质，不含化学合成有机物，从小白菜种子发芽率可以看出，造纸污泥中无残留植物毒性。

既然 CEC 能反映有机质降解程度，是堆肥腐殖化程度与新形成有机质的重要指标，Riffafdi 等认为 CEC 可以作为评价堆肥腐熟度的参数，当堆肥充分腐熟时，则其

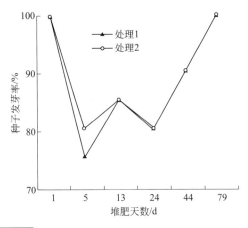

图 6-23　不同时间的堆肥产品对种子发芽率的影响

CEC 值≥60mmol/100g 无灰材料。因此本试验也尝试利用 CEC 值来指示造纸污泥堆肥的腐熟状况，将处理 1 的 CEC 数据与盆栽玉米增产率进行统计分析，发现两者之间有较好的相关性，其 R^2 为 0.9240，其相关性见图 6-24。造纸污泥经过 2 个月左右堆肥，其 CEC 值稳定在 80～90mmol/100g，配成栽培基质对玉米增产率在 30%～40%之间。因此，通过测试堆肥的 CEC 值，可以了解造纸污泥堆肥的肥效，从图 6-21、图 6-22、图 6-24 可以推断，当堆肥的 CEC 值≥80mmol/100g 时堆肥已经腐熟。

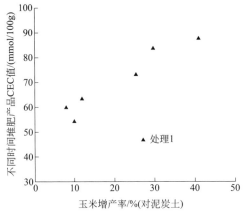

图 6-24　不同时间堆肥产品的 CEC 值与
玉米增产率之间的相关性

（3）堆肥产品的品质

造纸污泥经过 79d 的堆肥，其农用主要养分与重金属含量见表 6-16、表 6-17。从表中可以看出，造纸污泥堆肥是一种很好的有机肥料，其有机质高达 70%以上，阳离子代换量为 80mmol/100g 以上，N、P、K 总养分含量在 2%～3%之间，速效态也较高，同时有害重金属元素含量远远低于农用标准，说明造纸污泥堆肥完全可以作为有机肥在农田上应用，其重金属污染土壤的环境风险很小。

所以王德汉等根据以上研究认为造纸污泥通过调节水分与 C/N 比，在强制通风与定期翻堆情况下，经过 2 个月左右高温堆肥，可以转化为高效的有机肥料，其有害重金属元素含量远远低于农用标准，造纸污泥堆肥产品完全可以作为有机肥料在农田上应用。

堆肥过程中由于微生物作用，有机质发生降解，TN 先下降后增加，C/N 比在不断下降，TP、TK 含量在持续上升。堆肥中铵态氮逐步转化为硝态氮，有效磷与钾变化总体呈上升趋势。从不同时间堆肥的物理、化学及生物学指标可以看出，添加富含纤维素降解菌的发酵料，可以加速造纸污泥的无害化与腐熟，提高其肥效。

从小白菜种子发芽率可以看出，造纸污泥中无残留植物毒性。堆肥处理的 CEC 数据与盆栽玉米增产率之间具有较好的相关性，其 R^2 为 0.9240，堆肥的 CEC 值可以作为造纸污泥堆肥腐熟度的控制指标，当堆肥的 CEC 值 ≥80mmol/100g 时，造纸污泥堆肥已经腐熟。

表 6-16 造纸污泥堆肥产品的主要农用指标

项目	堆肥处理 1	堆肥处理 2
水分/%	44	54
pH 值	6.7	7.03
电导率/(dS/m)	3.25	2.78
CEC/(mmol/100g)	89	90
C/N	22.4	26.1
TN/%	1.82	1.68
TP_2O_5/%	0.615	0.509
TK_2O/%	0.498	0.444
有机 C/%	40.74	43.87
有机磷/(mg/kg)	68.4	66.9
有机钾/(mg/kg)	2660	2525
NH_4^+-N/(mg/kg)	106	124.3
NO_3^--N/(mg/kg)	197.3	137.3

表 6-17 造纸污泥堆肥产品中重金属含量　　　　　　单位：mg/kg

测试项目	污泥农用控制标准 （GB 4284—1984）	堆肥处理 1	堆肥处理 2
Cu	250	133	110
Zn	500	94	107
Pb	300	15	17
As	75	1.4	1.3
Hg	5	0.03	0.02
Cr	600	6.7	5.8
Cd	5	0.11	0.07
Ni	100	6.7	4.5

6.5　造纸污泥燃烧技术 [19]

用造纸污泥做燃料最近已在大部分欧洲国家得到认可。造纸污泥中的有机成分是可再生的，因此它不会导致 CO_2 排放。

可用于焚烧的造纸污泥主要是指废水处理过程中产生的一级污泥和二级污泥，对于设有二级处理设施的制浆造纸企业，每生产 1t 纸，平均约产生 43kg 绝干污泥 [20]。但由于各厂规模不同（是纸厂或制浆造纸综合厂）、产品不同、废水处理方法不同等，使每生产 1t 纸产生的污泥数量差别很大。

目前，造纸污泥焚烧有 3 种形式：造纸污泥单独焚烧、造纸污泥与煤混烧、造纸污泥与树皮草渣等的混烧。

6.5.1　造纸污泥的脱水和干化 [21]

对于造纸污泥来说，其是否适宜焚烧主要由污泥的含水率和污泥的有机物含量有关。造纸污泥热值为 6～14MJ/kg 干固体，混入树皮或木素后热值可增加至 26MJ/kg，木材热值为 17～21MJ/kg 干固体。50％干度、69％有机物含量的造纸污泥低位发热量为 6000kJ/kg，28％干度、69％有机物含量的造纸污泥低位发热量几乎为 0。可见造纸污泥干度对热值有巨大影响，污泥中的高水分使其能量利用率低，为减少能量损失，必须对污泥进行一定的处理，使其干度达到焚烧的要求。

6.5.1.1　造纸污泥的脱水机理

造纸污泥中的固体颗粒主要为胶体粒子，有复杂的结构，与水的亲和力很强。按水分在污泥中存在的形式可分为间隙水、毛细水、表面吸附水和内部水四种，污泥中水分存在形式如图 6-25 所示。

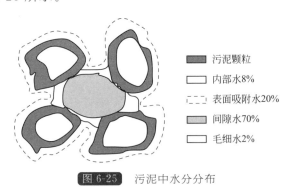

图 6-25　污泥中水分分布

表面吸附水为在表面张力作用下吸附的水分，胶体颗粒全部带有相同性质的电荷，相互排斥，妨碍颗粒的聚集、长大，且保持稳定状态，因而表面吸附水用普通的浓缩或脱水方法去除比较困难。只有加入能起混凝作用的电解质，使胶体颗粒的电荷得到中和后，颗粒呈不稳定状态，黏附在一起，最后沉降下来。颗粒增大后其比表面积减小，表面张力随之降低，表面吸附水也随之从胶体颗粒上脱离。造纸污泥胶体颗粒一般都带负电荷，因此应加入带正电荷的电解质离子。间隙水是指大小污泥颗粒包围着的游离水分，它并不与固体直接结合，因而容易分离，只需在浓缩池中控制适当的停留时间，利用重力作用，就能将其分离出来。间隙水一般要占污泥中总含水量的65%～85%，这部分水就是污泥浓缩的主要对象。

造纸污泥由高度密集的细小固体颗粒组成，在固体颗粒接触表面上，由于毛细力的作用形成毛细结合水，毛细结合水约占污泥中总含水量的15%～25%。由于毛细水和污泥颗粒之间的结合力较强，重力作用不能将毛细结合水分离，需借助较高的机械作用力和能量，如真空过滤、压力过滤和离心分离，才能去除这部分水分。

内部结合水是指包含在造纸污泥中微生物细胞体内的水分，它的含量与污泥中微生物细胞体所占的比例有关。一般初沉污泥内部结合水较少，二沉污泥内部结合水较多。这种内部结合水与固体结合得很紧密，使用机械方法去除是行不通的。要去除这部分水分，必须破坏细胞膜，使细胞液渗出，由内部结合水变为外部液体。内部结合水的含量不多，内部结合水和表面吸附水一起只占造纸污泥中总含水量的10%左右。

6.5.1.2　造纸工业废水污泥的脱水[3]

（1）污泥的脱水

污泥脱水是依靠过滤介质（多孔性物质）两面的压力差作为推动力，使水分强制通过过滤介质，固体颗粒被截留在介质上，达到脱水的目的，过滤的基本过程见图 6-26。过滤开始时，滤液只需克服过滤介质的阻力，当滤饼逐渐形成后，滤液还需克服滤饼本身的阻力，滤饼是由污泥的颗粒堆积而成的，其孔道属于毛细管，因此真正的过滤层包括滤饼与过滤介质，滤液流过滤饼，可认为是经由大量曲折的毛细管的流动。

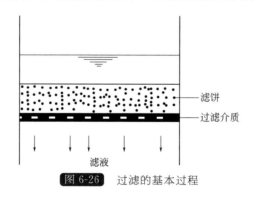

图 6-26　过滤的基本过程

（2）造纸工业废水中污泥脱水的方法与特点

造纸工业污泥脱水方法主要有自然干化、机械脱水和造粒脱水。自然干化设施主要为干化床，机械脱水包括真空脱水、板框压滤脱水、带式压滤机脱水和离心机脱水等多种方式。

1）干化床　污泥干化床是一种较老、较简便的非机械污泥脱水方法，它依靠渗透、蒸发与撇除 3 种方式脱除水分，前两种为主要方式。干化床的实际应用效果受很多因素影响，污泥比阻、压缩性、固体浓度等内因对渗透脱水影响显著，而风速、湿度、降雨量、温度等外因则控制蒸发风干的速度，所有这些因素综合决定脱水干化时间。

干化床脱水工艺的主要特点是基建费用低，污泥处理成本低，维护管理方便，对原水水质、水量变动适应性强。但该方法占地面积大，受当地气候条件影响明显。在一些可利用土地尚丰富的地区，如果气候条件允许，可采用干化床工艺进行污泥脱水。

2）真空过滤脱水　真空过滤是通过真空设备产生的负压，将吸附于滤布上的污泥中的水分透过滤布吸入工作室，使污泥中水分得以脱除。真空过滤机由一部分浸在污泥中同时不断旋转的圆筒转鼓构成，过滤面在转鼓周围，其结构见图6-27。真空过滤机有转鼓式、链带转鼓式、转盘式、真空吸滤板等类型。

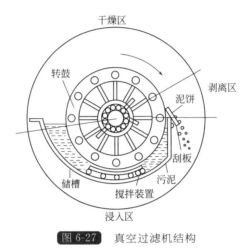

图 6-27　真空过滤机结构

真空过滤技术与设备是较早出现的机械脱水方式，其优点是能连续生产、操作平稳、整个生产过程可实现自动化、处理量大，但是由于它配套设备比较复杂、管理水平要求较高、能耗高、辅助设备噪声大、占地面积大、相对出泥含固率低、效率低等缺点，此技术有被替代的趋势。

3）板框压滤机　板框压滤机脱水的工作原理见图6-28。其原理是对密闭在板框内的污泥进行加压、挤压，使滤液通过滤布排出，固态颗粒被截留下来，以达到固、

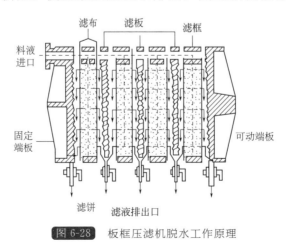

图 6-28　板框压滤机脱水工作原理

液分离的效果。板框压滤机滤板两侧工作面均为中间凹进形式,所有滤板均包有滤布,当泥水在滤框内受压后,滤液通过滤布,经过滤板内集水管路排出,滤框内污泥脱水形成泥饼。

板框压滤机的优点是结构较简单,操作容易,运行稳定,故障少,保养方便,设备使用寿命长,过滤推动力大,出泥含固率高于带式压滤机和离心脱水机,过滤面积选择范围灵活,适用于各种污泥。其主要缺点是不能连续运行,处理量小,滤布消耗大。

4)带式压滤机 带式压滤机的结构如图 6-29 所示,它基本上由滤布和辊组成。带式压滤机由上下两条张紧的滤带夹带着与絮凝剂充分反应后脱稳的污泥层,从一连串按规律排列的压辊中呈 S 形弯曲经过,靠滤带本身的张力形成对污泥层的压榨力和剪切力,把污泥层中的毛细水挤压出来,从而实现污泥脱水。带式压滤机完成一个从进泥到出泥的周期共有四个过程。

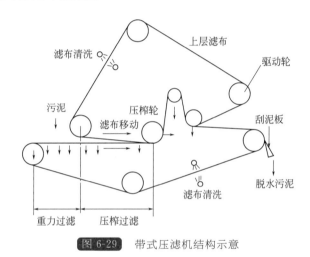

图 6-29 带式压滤机结构示意

第一个过程为污泥的絮凝阶段,通过投加絮凝剂,使污泥脱稳,颗粒互相凝聚。

第二个过程为重力脱水阶段,脱稳的污泥在滤布上,依本身的重力,使污泥本身析出的水透过滤布排走。

第三个过程为污泥的压缩脱水阶段,这一过程依靠上下两层滤布的张力对中间层污泥产生竖向、垂直的压力,使颗粒间的孔隙水滤出。

第四个过程为污泥的剪切压缩过程,其间靠污泥小辊的转折,产生剪切,靠两层滤布的张力产生压缩。污泥层像弹簧一样紧缩,达到污泥最高程度的压缩。

带式压滤机在过去几年中取得的工业效益是十分可观的,许多造纸工业废水处理都是应用这种污泥脱水机。在美国,市场上已有 3 种以上带式压滤机,但是它们的脱水过程基本相同。

带式压滤机的滤饼浓度与进料污泥性质关系很大,造纸厂初级污泥的压滤后滤饼浓度可达到 20%～50%,二级污泥只可达到 10%～20%,一般固体回收率可达 95%～99%。

滤带行走速度越低，泥饼含固量越高、越厚，越易从带上剥离，但处理能力小。某一造纸厂的混合污泥，其中初级污泥为77%，二级污泥为23%，用聚合物调质，相对每吨干泥加聚合物2.5kg，在带速为3m/min时，固体回收率为95%，泥饼浓度为30%～35%，一般带行走速度不应大于5m/min。

带式压滤机进料污泥调质是必要的。通过调质使污泥中毛细水转化成游离水，在重力脱水区脱除，否则在压力脱水区将仍有较大流动性，挤压作用会将污泥被挤出带外。加药量以使污泥比阻最小为宜。一般初级污泥加聚合物量为0～2.3kg/t干泥，二级污泥则为4.5～13.6kg/t干泥，通常用一种聚合物调节，有时还用两种不同的聚合物调节。

带式压滤机可连续自动化运行，设备投资较少，能耗较低，噪声小，结构简单，低速运转，易保养。但污泥脱水过程中的污泥截留率较低，机房水、气环境较差，脱水污泥的含固率较低，脱水设备占地较大。

5）离心脱水 离心脱水过程中，经调质后的污泥，在离心机强烈的离心力作用下，密度较大的固体颗粒附着在旋转圆筒的内壁上形成泥饼，分离出的水分在泥饼表面形成液体层。转筒内的螺旋状输送器与转筒之间的转速差，使泥饼挤压到转筒的锥形出口处排出，分离出的水分从转筒的圆柱端经溢流堰流出。

离心脱水机特点是自动化程度高，可连续运行，反冲洗水量较少，占地面积小，管理方便灵活，机房环境清洁。但离心法的主要缺点是电耗较高，噪声较大。离心机对制造材质和加工精度要求严格，维修困难，设备投资较大，国内离心机制造的工艺水平还有待进一步提高。

6）造粒脱水 造粒脱水的原理是加入了絮凝剂的污泥在造粒机中随着机体的旋转，滚动着向前进。在重力及高分子絮凝剂的作用下，逐渐絮凝成泥丸，泥丸相互结合成块状，而污泥中析出的水分从造粒机的狭缝中排出。

造粒脱水机的结构简单，转速慢，不易磨损，电耗省，维修容易，处理成本低，曾得到广泛应用，但其脱水泥饼含水率高，时常达不到堆放、运输的要求。可以采用二次复合脱水工艺，将造粒脱水与其他脱水方法如加热干化、焚烧等结合使用，以解决这一问题。

6.5.1.3 造纸污泥脱水方法进展

（1）板框式与带式压滤结合脱水技术[22]

对于造纸污泥，不论是进行焚烧还是制肥等，其干度都要达到50%以上，上面介绍的技术虽然能脱除造纸污泥中的水分，但没有一项技术可以将造纸污泥的干度脱至50%以上。如果通过烘干等方法，去除造纸污泥中的水分，成本较高。而华章科技开发的污泥深度干化系统技术装备可以将造纸污泥的干度提高到50%以上，图6-30为污泥深度干化系统技术装备图。

该技术装备的工作流程是：首先，螺杆泵把沉淀池里的污泥灌入板框机，板框一层一层把污泥灌进去，用滤布过滤，通过液压器挤压把水挤出，直到板框机不再滴水

图 6-30　污泥深度干化系统技术装备图

后，整个流程历时 73min，完成后污泥的干度在 40％左右。因为污泥到 40％的干度后，再通过板框机挤压提高干度的耗时长。然后，40％干度的污泥通过输送带到达钢带式压滤机，经钢带压滤机进行强力压榨，最终形成 50％左右干度的污泥，通过输送带送至相邻的电厂进行混煤燃烧。

该公司污泥深度处理技术装备有 3 个特点。

① 能够连续运行，设备对污泥的适应性很强，特别是能适应生化污泥；

② 效率很高，日处理绝干污泥达 40～50t，基本能够满足企业的污泥处理需求；

③ 自动化程度高。

污泥脱水设备将板框和强力带压机结合起来是华章的首创，而且板框是全自动的。多数污泥处理设备只用板框一种方式，现在板框压到 50％以上也是可以的，但是效率不高，需要 3.5～4h，然而，华章这个系统只需要 70 多分钟。

该装备目前已在山东太阳纸业股份有限公司、东莞建晖纸业有限公司等多家企业应用。在山东太阳纸业，企业选取了脱墨污泥、草浆制浆沉淀污泥和生化污泥进行了脱水实验[23]。进行脱水实验的造纸污泥的性质如表 6-18 所列。

表 6-18　污泥性质　　　　　　　　　　　　　　　　　　单位:％

项目	纤维含量	灰分含量	有机物含量
脱墨污泥	23.6	48.7	51.3
草浆制浆沉淀污泥	29.4	54.3	45.7
生化污泥	3.2	64.7	35.3

该实验使用的脱水设备为华章科技的 DY2500PQ 半干化带式压滤机，整个压榨分为低压区、高压Ⅰ区与高压Ⅱ区，高压区最高线压可达 150kgf/cm，结构示意如图 6-31 所示。

而对草浆制浆沉淀污泥和生化污泥的脱水实验结果如表 6-19 所列。

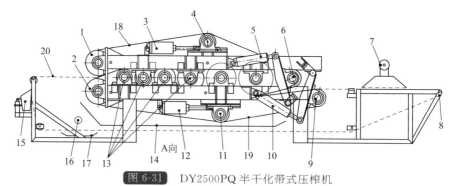

图 6-31 DY2500PQ 半干化带式压榨机

1—从传动辊；2—主传动辊；3—上调偏气缸；4—上调偏辊及装置；5—上板链带液压油缸；6—上涨紧辊；
7—污泥加料装置；8—毛布辊；9—下涨紧辊；10—下板链带液压油缸；11—上调偏辊及装置；
12—下调偏气缸；13—污泥压紧辊；14—污泥水接受盘；15—干污泥下料装置；16—毛布清洗管；
17—清洗液接收盘；18—上板链带；19—下板链带；20—毛布

表 6-19 草浆制浆沉淀污泥和生化污泥的脱水实验结果

项目	低压区线压 /(kgf/cm)	高压Ⅰ区线压 /(kgf/cm)	高压Ⅱ区线压 /(kgf/cm)	进料干度 /%	出料干度 /%	脱水率 /%	出料厚度 /mm
草浆制浆沉淀污泥	13	70	130	24.0	49.0	67	9.5
生化污泥	18	54	137	16.6	31.9	58	5.5

从表 6-19 可以看出，在高压Ⅱ区线压基本相同的情况下，草浆制浆沉淀污泥的脱水效果好于生化污泥的，且前者的出料厚度也大于后者的，这表明生化污泥的可压缩性低于草浆制浆沉淀污泥的。这结果也与实验室做的烧杯实验相符，滤布表面出水表明污泥可压缩性好，滤布表面出泥表明污泥可压缩性差。

脱水机在运行过程中存在布料不均匀、布料器堵塞等问题，为此，企业对布料器等设备进行了改进，改进后，又进行了脱水实验，这次的脱水污泥为脱墨污泥和草浆制浆沉淀污泥，实验结果如表 6-20 所列。

表 6-20 草浆制浆沉淀污泥和脱墨污泥的脱水实验结果

项目	处理量 /(t/d)	低压区线压 /(kgf/cm)	高压Ⅰ区线压 /(kgf/cm)	高压Ⅱ区线压 /(kgf/cm)	进料干度 /%	出料干度 /%	脱水率 /%	出料厚度 /mm
草浆制浆沉淀污泥	209	16.8	140.0	125.0	29.4	53.2	63	15.7
	252	13.7	125.0	130.5	29.4	46.3	52	18.5
脱墨污泥	212	16.4	132.5	121.0	33.0	53.0	56	17.0
	230	15.1	50	90	33	51	53	18.0

从表 6-20 可以看出，随着污泥处理量增加，出料干度与脱水率降低，出料厚度增加。总的来说，草浆制浆沉淀污泥和脱墨污泥经半干化带式压榨机脱水后，污泥干度得到大幅度提高，这两种污泥干度均达到 50% 以上，为造纸污泥的进一步处置打下基础。

在此基础上华章科技又对半干化带式压滤机进行了更新改造，制造出一个低压两个高压一个对压、一个低压三个高压等不同型号的脱水机。

（2）EOD脱水技术[20]

微能技术的应用研究最近受到极大关注，它是指在水处理等领域，利用诸如电磁波、电磁场、音波、压力场等微弱能源，进行节能、高效、高品质处理的技术。电渗透脱水技术（electroosmotic dewatering，EOD）属于微能技术，所谓电渗透就是在给物料加上电场后，物料中极化了的水分子及其各种离子会在电场作用下定向运动，从而使物料脱水的现象。电渗透脱水的优点：在整个过程中，物料不升温，调节物块形状可以提高脱水的速率和效率，升高所施加电场的电压，可有效地提高电渗透脱水速率。KARIM BEDDI A R 等研究发现，电渗透脱水速率与溶液 pH 值有关。电渗透脱水作为新兴的固液分离技术，具有脱水率高、操作灵活方便等特点。

电渗透脱水时，床层内上部的物料含水量低于下部，而真空或压滤等机械脱水是上部高于下部，将电渗透脱水与机械脱水相结合可使整个床层的水分变得均匀，脱水速率得到提高，同时降低了物料的最终含水率。一种串联式电渗透脱水机结构如图6-32所示。

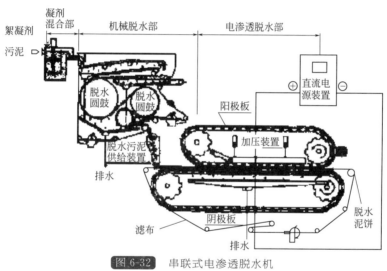

图 6-32　串联式电渗透脱水机

电渗透脱水过程中，接近上部电极的脱水床层含水率快速降低，出现不饱和层，在该部分的电阻急剧增加，施加的电压几乎全部降在上部脱水层，下部的电场强度逐渐减小，即下部脱水驱动力减小；另外，由于电极附近发生电化学反应，产生离子，在下部电极处，离子浓度增高，ζ 电位降低，电渗透驱动力减小，反应产生的气体也影响了脱水的进行。因此，一定时间后电渗透不再进行。

采用不等占空比电场的方法可提高电渗透脱水效率。不等占空比电场是指在施加一定时间的正向电场后再施加一定时间的负向电场，正向时间和负向时间是不等的。有研究者用图6-33的装置进行城市污泥的电渗透脱水试验，结果表明，选择较大的电压梯度并辅以适当的机械压力对电渗透脱水有利，通过优化操作条件能降低能耗。Lisbeth M. Ottosen 在研究直流电场作用下建筑砖脱盐状况时发现，当砖中盐浓度高时电渗透脱水效果差，当砖中盐浓度低时电渗透脱水效果好。

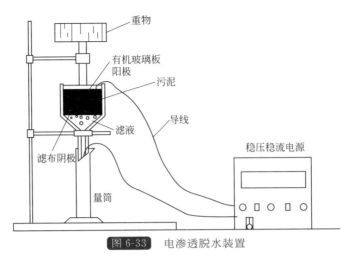

图 6-33　电渗透脱水装置

（3）其他脱水方法

1）带动力装置驱动板框的压泥机（CN 202988941 U）　江苏理文造纸有限公司开发的一种污泥脱水技术，其特征是压泥机上有具有动力装置驱动的矩形压泥板框，此板框上具有多个均匀间隔设置的通孔，板框表面上具有吸水层，经此设备脱水后，污泥含水率可降至 40%～50%。而且板框中还有蓄水腔，此蓄水腔与板框侧壁的出水口相通，这样可使水分与污泥快速分离（图 6-34）。

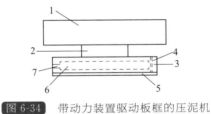

图 6-34　带动力装置驱动板框的压泥机
1—压泥机；2—动力装置；3—压泥板框；
4—通孔；5—吸水层；6—蓄水腔；7—水口

2）造纸废水处理污泥干化的配比工艺（CN 106082584 A）　山东华泰纸业股份有限公司通过调整初级污泥、生物污泥和化学污泥的比例达到了提高造纸污泥的脱水率的目的。

该工艺流程如图 6-35 所示。

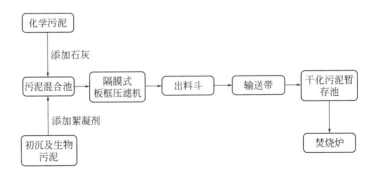

图 6-35　造纸废水处理污泥干化的配比工艺流程示意

① 在化学污泥中添加石灰进行预处理；

② 在初沉污泥和生物污泥中分别加入絮凝剂进行预处理；

③ 分别将经过预处理的化学污泥、初沉污泥以及生物污泥加入污泥混合池混合均匀，然后经隔膜式板框压滤机压滤，出料得干化污泥。以重量比计，初沉污泥：生物污泥：化学污泥＝52.5：10：37.5。所述干化污泥的干化度为46.5％。

3）电渗析板框污泥压缩机及污泥处理方法（CN 104326641 A）　山东太阳纸业股份有限公司针对高级氧化产生的化学污泥和高有机质含量的生化污泥开发的一种深度脱水技术，该技术是在板框污泥压滤机的板框滤板两侧表面分别配合设置电极板，在电极板上留有与板框滤板相对应的支撑孔和进料孔，在电极板一侧的表面上设接线柱，接线柱表面进行镀银处理，将脉冲直流电源的正负极与电极板接线柱连接。电极板材质为316型不锈钢并在表面进行镀钛处理，其厚度不小于0.8mm，以应对电化学腐蚀。电极板表面均匀开孔，孔径3～8mm，开孔率为20％～25％，以保证滤水效果。脉冲直流电源的输出频率45～61Hz，电流在0～500A。

其运行方式为在板框压滤机进行完低压、高压进料，反吹、角吹过程后，在压榨过程中，对板框内的同一块污泥滤饼的两面通脉冲直流电，使滤板间滤饼内的水分子进行定向移动，从而达到进一步脱水的目的。通过此种方法进行污泥脱水后，污泥干度不低于45％。电极板固定连接示意如图6-36所示。

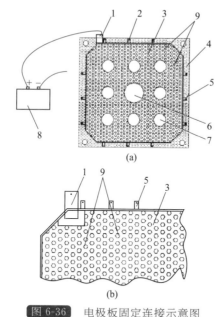

图 6-36　电极板固定连接示意图

1—接线柱；2—自攻钉；3—电极板；4—板框滤板；5—固定柱；
6—进料孔；7—支撑孔；8—脉冲直流电源；9—圆孔

6.5.2　造纸污泥单独焚烧

造纸污泥的焚烧一般是在流化床锅炉进行。

随着水分含量的增加，污泥的理论燃烧温度会显著下降（图 6-37），当污泥水分在 50％时，其理论燃烧温度低于 1300℃，扣除燃烧损失和散热损失后，流化床可以维持合理的床温，当污泥水分含量升至 65％以上时，理论燃烧温度降至 900℃以下，纯烧污泥是可以维持床温的，采用热空气送入，情况也改善不多。

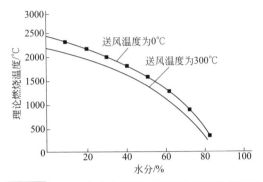

图 6-37 不同含水率的造纸污泥的理论燃烧温度

造纸污泥进入流化床后，并不是破碎成细粒，而是会形成一定强度的污泥结团，这是污泥流化床稳定运行和高效燃烧的基础。

不同水分含量的造纸污泥在不同床温下燃烧时，形成一定强度的污泥结团，能减少飞灰损失。在各种含水量和床温下，造纸污泥都能很好地结团，并且存在最大的强度，经过一定时间后，各强度都趋于一较小值（见图 6-38 和图 6-39）。

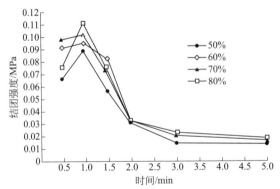

图 6-38 造纸污泥的结团强度与水分含量的关系
（温度为 900℃，进料污泥尺寸 $d=12mm$）

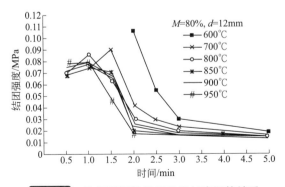

图 6-39 造纸污泥的结团强度与床温的关系

图 6-40 所示为与图 6-39 相应的污泥颗粒在流化床中水分蒸发、挥发分析出并燃烧以及固定碳燃烧的过程曲线。结合图 6-40 与图 6-39，很明显，在污泥中固定碳、挥发分燃烧时，有着较高的结团强度，从而减少了飞灰损失。同时，当污泥中可燃物燃尽时，结团强度也急剧减小，此时污泥灰壳易被破碎成细粉而以飞灰形式排出床层，从而实现无溢流稳定运行和获得较高的燃烧效率。

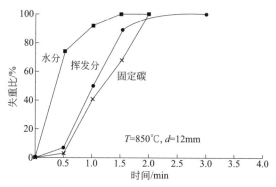

图 6-40 造纸污泥的水分蒸发、挥发分析出并燃烧以及固定碳燃烧的过程曲线

图 6-41 所示为含水率为 80％的造纸污泥在床温为 900℃下的三种不同粒径的污泥团在流化床中的凝聚结团的抗压强度。由于小粒径的污泥团的水分蒸发和挥发分析出的速度均较大粒径的污泥团要快得多，其凝聚结团的内部较为疏松，结团强度因而相对较弱。因此，在实际污泥焚烧操作中可以选用较大的给料粒度而不必担心污泥的燃烧不完全，可简化给料系统。

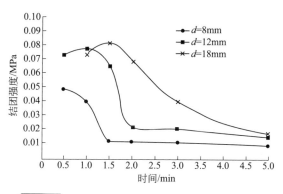

图 6-41 给料粒度对造纸污泥结团强度的影响

从造纸污泥的灰渣的熔融特性看，其灰变形温度和灰流动温度的温差只有 80℃，属短渣。流化床焚烧炉的运行床温一般不超过 850℃，远低于灰变形温度 1270℃，正常运行时不会结焦。

造纸污泥采用流化床焚烧炉焚烧时，只用造纸污泥作为床料进行流化，床层会发生严重的沟流现象，必须与石英砂等惰性物料混合物构成异比重床料后才能获得理想的流化。当石英砂的粒径为 0.425～0.850mm，平均粒径 d_p＝0.653mm 时，床料能得到良好的流化，当流化数（气固流化床操作速度与最小流化速度之比值）在

2.5～2.8之间时，床层流化十分理想，污泥在床层均匀分布，无分层和沟流现象发生。

造纸污泥的焚烧行为与其水率密切相关，在无辅助燃料情况下，水分含量大于50％的造纸污泥无法在流化床焚烧炉内稳定燃烧。水分含量降至40％时，造纸污泥能在流化床内稳定燃烧，平衡床温约830℃。床内燃烧份额为45％，悬浮段燃烧份额为55％。焚烧炉出口烟气中CO_2、CO、O_2、NO_x、N_2O和SO_2的浓度分别为14.8％、0.46％、5.92％、0.00471％、0.0029％、0.0065％，满足环保要求。

造纸污泥单独焚烧，其飞灰中Zn、Cu、Pb、Cr、Cd的含量分别为295.8mg/kg、44.4mg/kg、28.9mg/kg、31.6mg/kg和0.36mg/kg，低于农用污泥中有害物质最高允许浓度。

6.5.3 造纸污泥与煤混烧

6.5.3.1 造纸污泥和造纸废渣与煤在循环流化床焚烧炉中的混烧

以回收废旧包装箱为主要原料，生产瓦楞纸板的造纸工艺所产生的废弃物包括造纸污泥和造纸废渣两部分。其中，造纸污泥是造纸过程废水处理的终端产物，除含有短纤维物质外，还含有许多有机质和氮、磷、氯等物质。而造纸废渣中含有相当成分的木质、纸头和油墨渣等有机可燃成分。此外，两种废弃物中都含有重金属、寄生虫卵和致病菌等。采用煤与废弃物混烧来发电或供热将是一种很好的选择。与纯烧废弃物相比，混烧技术能够保持燃烧稳定，提高热利用率，有利于资源回收，同时减少了焚烧炉的建设成本和投资。

赵长遂等利用循环流化床热态试验台进行了造纸污泥和造纸废渣与煤混烧试验。煤、造纸污泥和造纸废渣的元素分析和工业分析见表6-21，试验台流化床焚烧炉结构简图如图6-42所示。

表 6-21　煤、污泥和废渣的分析数据

项目	元素分析(质量分数)					工业分析(质量分数)				
	C/%	H/%	O/%	N/%	S/%	水分/%	挥发分/%	灰分/%	固定碳/%	低位热值/(MJ/kg)
污泥	7.49	1.00	8.90	0.35	0.18	74	15.45	8.27	2.28	1.17
废渣	24.88	2.21	10.38	2.00	0.00	59.00	38.28	1.53	1.19	7.66
烟煤	57.24	3.77	8.06	1.11	1.15	3.00	38.96	25.67	32.37	23.81

整个装置由循环流化床焚烧炉本体、启动燃烧室、送风系统、引风系统、污泥/废渣加料系统、高温旋风分离器、返料装置、尾部烟道、尾气净化系统、测量系统和操作系统等几部分组成。流化床焚烧炉本体分风室、密相区、过渡区和稀相区四部分，总高7m。密相区高1.16m，内截面积为0.23m×0.23m，过渡区高0.2m，稀相区高4.56m，内截面积为0.46m×0.395m。送风及引风系统分别由空气压缩机和引

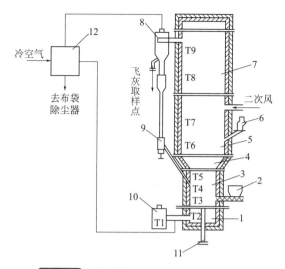

图 6-42 试验台流化床焚烧炉结构简图

1—风室；2—加煤系统；3—密相区；4—过渡段；5—稀相区；6—废弃物加料器；
7—稀相区；8—旋风分离器；9—返料器；10—启燃室；11—排渣装置；
12—换热器；T1~T9—各测温点的位置

风机组成，来自空压机的一次风经预热后送往风室，二次风未经预热从稀相区下部送入炉膛。煤和脱硫剂经预混后由安装在密相区下部的螺旋给煤系统加入焚烧炉。造纸污泥、废渣的混合物采用专门设计的容积式叶片给料器（见图 6-43）由调速电机驱动进料，以确保试验过程中加料均匀、流畅、稳定和调节方便。

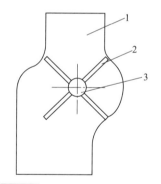

图 6-43 污泥/废渣加料器示意

1—外壳；2—叶片；3—轴

流化床焚烧试验台采用床下点火启动方式。轻柴油在启动燃烧室燃烧，产生的高温烟气经风室和布风板通入密相床内，流化并加热床料，在床料达到煤的着火温度后开始向床内加煤。当煤在流化床内稳定燃烧，密相床温达到 900℃ 以后，向返料器通入松动风，使高温旋风分离器分离的飞灰在炉内循环，待物料循环正常且炉膛上下温度均匀后，即可向床内加入造纸污泥和制造废渣，并调节加煤量，使流化床在设定工况下稳定-定时间后开始进行焚烧试验。

将废渣与污泥质量比按 2.2：1 混合好后（以后简称为泥渣），再与烟煤混烧。试验所采用的脱硫剂石灰石其中 CaO 质量分数为 54.29%，平均粒径为 0.687mm。各试验工况中，钙硫物质的量比保持为 3.0。

试验结果表明，二次风率、空气过剩系数和泥渣与煤的掺混比对炉温和焚烧效果影响较大。

（1）二次风率对炉温和焚烧效果的影响

一方面，在总风量不变的条件下，随着二次风率的增加，密相区氧浓度降低，其燃烧气氛由氧化态向还原态转移，使得密相区燃烧份额减小，燃烧放热量变小，使炉内温度降低，同时，密相区流化速度变小，扬析夹带量减小，有使密相区燃烧份额变大、稀相区燃烧份额减小的趋势，不利于温度场的均匀分布。

另一方面，在总风量不变的情况下，二次风率增大，流化速度减小，从整体上延长了颗粒在炉内的停留时间，增加了悬浮空间的大尺度扰动，加速了其中各个烟气组分和氧的对流、扩散及其与固体颗粒间的传质过程，从而改善气、固可燃物的燃烧环境，促进其进一步燃尽。

（2）空气过剩系数对炉温和焚烧效果的影响

随着空气过剩系数的增加，密相区氧浓度变大，同时由于泥渣的挥发分析出比较迅速，因而导致密相区的燃烧份额增加，因而密相区的温度呈上升趋势，但空气过剩系数对稀相区温度的影响比较复杂，随着空气过剩系数的增加，稀相区的温度先会有所上升，待到达某一值后又呈下降趋势。因为起初增大空气过剩系数时，流化速度变大，增强了炉内的扰动和热质传递，温度分布趋于均匀，有利于固体、气态可燃物在稀相区的燃尽。但进一步增大空气过剩系数后，流化速度增大较多，固体、气态可燃物在稀相区的停留时间明显缩短，稀相区燃烧份额减小，导致了稀相区温度下降。

对于燃烧效率，空气过剩系数存在一最佳值，开始时，随着空气过剩系数的增大，炉内氧浓度增大，流化速度逐渐增大，混合效果增强，因而燃烧效率先呈上升趋势。但当空气过剩系数过大时，颗粒在炉内的停留时间缩短，扬析现象严重，使燃烧效率降低。

（3）泥渣与煤的掺混比对炉温和焚烧效果的影响

随着掺混质量比的增大，由泥渣带入炉内的水分变大，由于泥料的给料点离密相区较近，当泥渣进入密相区后，水分蒸发吸收了大量的热量，从而导致了密相区温度下降。而泥渣中的水分最终以气态形式排放到大气中，带走了大量的热量，使炉内的整体温度下降。

随着泥渣与煤掺混质量比的增加，混合燃料的热值降低，燃料中的水分相应增加，燃料燃烧时，水分析出降低了燃料周围的温度，使其低于床层温度，从而燃烧效率降低。

当掺混质量比为 1 时，最佳空气过剩系数为 1.3 左右。该试验结果应用于某一纸业公司一台蒸发量为 45t/h 的造纸污泥/废渣掺煤循环流化床焚烧锅炉的设计中，投产后燃烧稳定，运行可靠。

6.5.3.2　造纸污泥与煤在循环流化床焚烧炉中的混烧

孙昕等采用相同的试验台及同一脱硫剂和烟煤（见表 6-21）与表 6-22 中的造纸

污泥进行了混烧试验，试验中 Ca/S 摩尔比为 3.0。实验得出，二次风率、空气过剩系数和污泥与煤的掺混比对炉温和焚烧效果的影响与污泥与煤的混烧实验完全一致。同时试验结果还表明，采用流化床混烧污泥和煤时，钙硫摩尔比取 3 的情况下，SO_2、NO_x 等的排放都达到国家标准，随着空气过剩系数和床层温度的升高，SO_2 的排放相应增大。

表 6-22　污泥的元素分析

成分	C/%	H/%	O/%	N/%	S/%	水分/%	挥发分/%	灰分/%	固定碳/%	低位热值/(MJ/kg)
污泥	29.43	2.32	7.29	0.60	0.20	58.30	38.15	1.86	1.69	7.38

NO 的排放随着空气过剩系数的增加而增加，却随着二次风率的增加而减少。空气过剩系数的减小，二次风率和床层温度的增大将抑制 N_2O 的排放。

6.5.4　造纸污泥与树皮等制浆造纸废料混烧

1985 年，日本 Oji 纸业公司的 Tomakomai 厂投运了世界上第一台以造纸污泥为主燃料（以树皮为辅助燃料）的流化床锅炉，如图 6-44 所示。

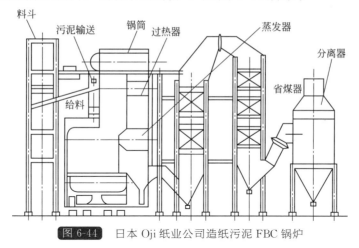

图 6-44　日本 Oji 纸业公司造纸污泥 FBC 锅炉

采用单锅筒，自然循环和强制循环。最大连续蒸发量为 42t/h。蒸汽压力为 3.4MPa，蒸汽温度为 420℃，给水温度为 120℃，采用炉顶给料方式，给料量为 250t/d。床料为石英砂，平均粒径为 0.8mm，燃料特性见表 6-23。

表 6-23　燃料特性

类别	造纸污泥	树皮
干基热值/(kJ/kg)	16275	7746
收到基热值/(kJ/kg)	3680	7570
干基灰分含量/%	18.7	2.7
水分含量/%	65.0	57.1

污泥以脱水饼形式给入炉内，树皮的给料量根据污泥性质而作调整，当二者的热值不够维持床温时，自动加入重油助燃。点火启动时的初始流化风速为 0.4m/s，运行时的流化风速控制在 $1\sim1.5m/s$，床温维持在 $800\sim850℃$。NO_x 排放浓度为 $(50\sim100)\times10^{-6}$，负荷可降至 70% 左右。

6.5.5　造纸污泥与草渣和废纸渣在炉排炉中的混烧

整个系统设计包含进料系统、燃烧设备、汽水系统、烟气处理等。

（1）进料系统

焚烧系统采用分别进料方法，草渣通过皮带输送机由料场输送到螺旋给料机的料仓。然后通过螺旋给料机在二次风的帮助下喷向炉膛。废纸渣具有缠绕性，需通过皮带输送机由料场输送到煤斗，在推料机的作用下输送到往复炉排上。污泥经适当干燥后混入废纸渣一起输送到往复炉排上燃烧，但不能将大块泥团送入炉内，以免大块泥团无法燃尽。焚烧炉采用室温燃烧加往复炉排燃烧的组合技术。对于草渣，采用风力吹送的炉内悬浮燃烧加层燃的燃烧方式。草渣进入喷料装置，依靠高速喷料风喷射到炉膛内，调节喷料风量的大小和导向板的角度，以改变草渣落入炉膛内部的分布状态，合理组织燃烧。在喷料口的上部和炉膛后墙布置有三组二次风喷嘴，喷出的高速二次风具有较大的动能和刚性，使高温烟气与可燃物充分地搅拌混合，保证燃料的完全充分燃烧。废纸渣通过推料机送入炉内的往复炉排上，比较难燃烧的固定碳下落到炉膛底部的往复炉排上，对刚刚进入炉排口的废纸渣有加热引燃的作用，有利于废纸渣的及时着火燃烧。而着火后的废纸渣很快进入高温主燃区，形成高温燃料层，为下落在往复炉排上的大颗粒燃料及固定碳提供良好的高温燃烧环境，有利于这部分大颗粒物及固定碳的燃尽。往复炉排采用倾斜 15°角的布置方式，燃料从前向后推动前进的同时有一个下落翻动过程，起到自拨火作用。由于草渣及废纸渣的挥发物含量高，固定碳含量比例相对较少，往复炉干燥阶段风量仅占一次风量的 15%，主燃区风量占 75% 以上。而燃尽区风量仅占 10% 左右。二次风量必须占 15%～20% 以上，以保证废纸渣挥发分大量集中析出时的充分燃烧。

（2）炉膛结构

锅炉炉膛设计成细高型，高度为 7.7m，宽度为 1.65m，平均深度为 3m，以保证废纸渣焚烧烟气在炉内有足够的停留时间。上部炉膛布有水冷壁，下部有绝热炉膛，以减少吸热量，提高炉膛温度。锅炉采用低而长的绝热后拱，以利于燃料的燃尽。在后拱出口上部设有一组二次风喷嘴，这组二次风的作用是将从后拱出来的高温烟气及从喷料口下落的燃料吹向前墙处，有利于物料的干燥着火燃烧，也促使从喷料口下落的燃料落到炉排前端，增加燃料在炉排上的停留时间，有利于燃料的燃烧。锅炉受热面可根据灰量大小采用合理的烟速，以防止对流受热面的磨损。对于管束的前区和炉膛部位布置检修门，便于清灰和检修，必要时加装防磨和自动清灰装置。尾部采用空气预热器，物料燃烧的一次风和二次风均来自空气预热器产生的热风，为防止空气预热器的低温腐蚀，采用较高的排烟温度和热风温度。

（3）烟气的处理和净化

该焚烧系统的烟气特点是飞灰量大、颗粒细、质量轻，且含有 HCl 等有害气体。对烟气分两级处理，烟气首先进入半干式脱酸塔，酸性有害气体在该塔内得到综合处理，然后脱酸烟气再进入布袋除尘器进行处理，最后由烟囱排入大气。

6.6 利用造纸污泥制造复合材料

6.6.1 造纸污泥/PVC 木塑复合材料的制备工艺[24]

广西大学覃宇奔、郑云磊、胡华等对利用造纸污泥/PVC 制备木塑复合材料进行了研究。

他们采用的原料为：由南宁凤凰纸业有限公司提供的造纸污泥［干污泥含水率为 14.37%，纤维的质量分数为 21.66%，pH 值为 8.05，灰分的质量分数为 48.76%，污泥灰分中重金属离子含量低于《农用污泥中污染物控制标准》（GB 4284—1984）］，由南京杰舒化工有限公司提供的硅烷偶联剂（KH560），由青海宜化化工有限责任公司提供的 PVC（SG-5）。

其制备方法如下。

1）造纸污泥前处理　将造纸污泥晒干，用自制电磨机磨成细小颗粒，过 60 目筛，在 105℃下烘干备用。

2）造纸污泥偶联改性　将硅烷偶联剂 KH560 配成稀释液，与污泥混合均匀后，置于 105℃烘箱内 2h，取出备用。

3）复合材料制备　将预反应过的造纸污泥与 PVC 及助剂，在高速混合机中 1000r/min 条件下混合 10min，使共混均匀，将混合物料置于 250mm×250mm×4mm 模具中，在平板流化机上热压成形。

为了找到最优的原料配比和工艺条件，研究人员从污泥填充量、热压时间、热压温度、热压压力、偶联剂用量等方面分析不同配比和工艺条件下对复合材料力学性能的影响。其研究结果如下。

（1）污泥填充量对复合材料力学性能的影响

在固定热压温度为 170℃，热压压力为 5MPa，热压时间为 10min 的条件下，随着污泥填充量的增加，复合材料的弯曲强度和拉伸强度呈下降趋势，见图 6-45。这主要是因为造纸污泥与 PVC 的相容性差。

（2）热压时间对复合材料力学性能的影响

在固定造纸污泥填充量为 50%，偶联剂占污泥用量的 2%，热压温度为 170℃，热压压力为 5MPa 的情况下，随着热压时间的增加，复合材料弯曲强度和拉伸强度也随之增强，见图 6-46。从图中可以看出，压板时间在 10min 后，复合材料的弯曲强度和拉伸强度增强不大。

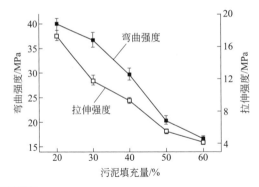

图 6-45　不同污泥填充量的木塑复合材料的力学性能

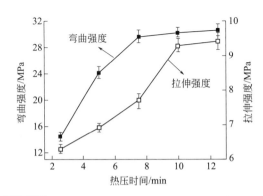

图 6-46　不同热压时间的木塑复合材料的力学性能

（3）热压温度对复合材料力学性能的影响

在固定造纸污泥填充量为 50％，偶联剂占污泥用量的 2％，热压时间为 10min，热压压力为 5MPa 的情况下，随着热压温度的增加，复合材料的弯曲强度和拉伸强度也随之增强，见图 6-47。木塑复合材料制备的热压温度，应该控制在 PVC 的可塑化加工温度与造纸污泥中纤维炭化温度之间。温度达到 120℃时，PVC 开始出现软化变形现象，在 150～210℃时 PVC 才可塑化加工。这是由于热塑性 PVC 随着温度的升高而熔融，流动性提高，有利于 PVC 的铺展和对纤维的包覆。当温度达 180℃时，复

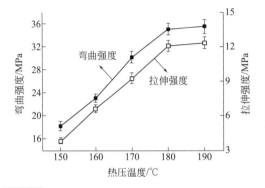

图 6-47　不同热压温度的木塑复合材料的力学性能

合材料弯曲强度达 35.04MPa，拉伸强度提高到 12.08MPa。温度进一步增加，木塑复合材料的力学性能并没有明显增加。实验发现，当温度超过 200℃时，污泥中木纤维及低分子有机胶质物质有降解、烧焦的现象，不利于木塑复合材料力学性能的提高。

（4）热压压力对复合材料力学性能的影响

在固定造纸污泥填充量为 50%、偶联剂占污泥用量的 2%、热压时间为 10min、热压温度为 180℃的情况下，随着热压压力的增加，复合材料的弯曲强度和拉伸强度也随之增强，见图 6-48。实验表明，压力为 6MPa 时，复合材料的弯曲强度和拉伸强度较之 3MPa 时分别提高了 32.6% 和 38.8%。这是因为随着压力的增加，PVC 和污泥之间相互作用力增加，分子与分子之间不断地挤压，形成紧密的物理结合，内部空隙不断变小，交联密度随着逐渐增大，从而使复合材料的弯曲强度和拉伸强度得到增强。但当压力继续增加时，两相结合压缩率达到极限，甚至由于压力过大导致纤维结构被破坏，造成复合材料增强效果下降。

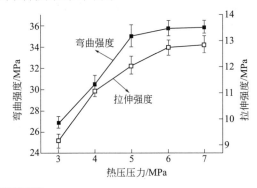

图 6-48 不同热压压力下木塑复合材料的力学性能

（5）偶联剂用量对复合材料力学性能的影响

在固定造纸污泥填充量为 50%、热压压力为 6MPa、热压时间为 10min、热压温度为 180℃的情况下，随着偶联剂的增加，复合材料的弯曲强度和拉伸强度在偶联剂用量为 2%时达到峰值，此时复合材料的弯曲强度较未添加偶联剂时提高了 53.6%，拉伸性能提高了 84.9%（图 6-49）。偶联剂的添加可以使偶联剂与污泥纤维表面的羟基以及污泥中的无机成分形成包裹改性，是污泥具有疏水性，解决造纸污泥和 PVC

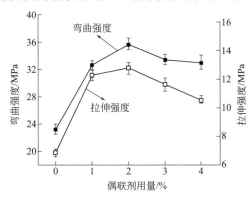

图 6-49 偶联剂用量对木塑复合材料力学性能的影响

不相容的问题。从扫描电镜图片（图6-50）中可以看出，未处理的纯污泥/PVC木塑复合材料，造纸污泥与PVC基体之间间隙明显，有明显的团聚现象，说明造纸污泥与PVC之间的相容性差，造成了其力学性能比较差。经过2%偶联剂处理的污泥与PVC制备的木塑复合材料，两相界面变得比较模糊，污泥与PVC之间间隙减少，没有明显的团聚现象，污泥周围有明显PVC黏附现象，表明污泥经过硅烷偶联剂处理后，与PVC基体的相容性变好，界面相容性改善，两相结合力增强，因此复合材料力学性能得到了增强。

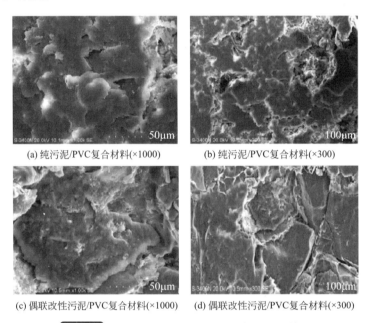

(a) 纯污泥/PVC复合材料(×1000)　　(b) 纯污泥/PVC复合材料(×300)

(c) 偶联改性污泥/PVC复合材料(×1000)　　(d) 偶联改性污泥/PVC复合材料(×300)

图 6-50　污泥/PVC复合材料断面的扫描电镜图

（6）结论

从上面的分析可知，造纸污泥/PVC木塑复合材料的最佳制备工艺条件为：造纸污泥填充量为50%，硅烷偶联剂占污泥用量的2%，热压压力为6MPa，热压时间为10min，热压温度为180℃，在此条件下重复试验3次，所制备复合材料的弯曲强度为35.73MPa，拉伸强度为12.75MPa。

6.6.2　利用造纸污泥制备复合材料的其他研究

6.6.2.1　造纸污泥酶改性及其对制备造纸污泥/PVC复合材料性能的影响[25]

陕西科技大学、陕西省造纸技术及特种纸品开发重点实验室和华南理工大学等单位对酶改性造纸污泥对造纸污泥/PVC复合材料性能的影响进行了研究，结果表明，酶预水解改性化学制浆造纸污泥（CPPS）有利于改善CPPS-PVC复合材料的拉伸强度、弹性模量。填料用量为30%时，CPPS及漆酶、纤维素酶和半纤维素酶改性CPPS制备的CPPS-PVC复合材料的拉伸强度较 $CaCO_3$-PVC复合材料分别提高了

22.4％、63.2％、61.8％和43.6％；填料用量为40％时，CPPS及漆酶、纤维素酶和半纤维素酶改性CPPS制备的CPPS-PVC复合材料的弹性模量值较CaCO_3-PVC复合材料分别降低了26.6％、25.6％、21.9％和9.2％。添加填料可赋予PVC复合材料更好的热稳定性，而酶改性填料有助于促进CPPS-PVC复合材料的高温热稳定性，CPPS及其酶改性CPPS制备的CPPS-PVC复合材料与CaCO_3-PVC复合材料具有相似的热失重变化规律。

6.6.2.2 单板增强型造纸污泥人造板的制备[26]

安徽农业大学的董宏敢、王传贵、涂道伍等对以竹浆造纸污泥为原料，杨木单板为表面增强单元、UF为胶黏剂制备新型复合材料进行了研究，其研究表明单板贴面处理后的复合板材较纯污泥板弹性模量、内结合强度、表面结合强度等力学指标增加明显。从强度与环保要求两个方面考虑，污泥施胶量以13％、单板的施胶量以150g/cm²为宜。

其实验具体内容如下。

（1）原料

采用贵州赤天化纸业污泥脱水车间的污泥；取自宿州东大木业的杨木单板，厚度1.4mm，基本密度0.43g/cm³，含水率12％；取自安徽光大人造板有限公司的脲醛树脂，水溶性，固体含量50％，pH值为7.5。

（2）实验方法

1）测定造纸污泥的基本元素　经测定，造纸污泥中灰分含量为36.73％，酸不溶木素27.27％，酸溶木素1.46％，戊聚糖3.57％，苯醇抽提物2.56％，纤维素18.10％，pH值为6.8。污泥中重金属含量低于国家标准《农用污泥中污染物控制标准》（GB 4284—1984）。

2）造纸污泥和杨木单板的处理　利用干燥箱将造纸污泥干燥（105℃）至绝干，筛分20~80目。将杨木单板裁切成280mm×350mm的矩形，称重后按纹理及材质相近原则编号。

3）复合板制备　将污泥按表6-24的实验方案称重后，与调制后的脲醛树脂（NH_4Cl 1.0％）均匀混合，同时按实验方案对杨木单板进行涂胶，静置5min后在自制模具中进行组坯，杨木单板放置在上下两面，污泥铺装在中间。放入平板流化机中进行热压。热压参数为：压力1.8MPa，温度110℃，热压时间11min，保压时间10min。卸板冷却后密封保存。复合板厚度为9.0mm。

表 6-24　杨木单板-造纸污泥复合板试验方案

编号	复合板密度/（g/cm³）	污泥施胶量/％	单板施胶量/（g/cm²）
1	0.8	10	100
2	0.9	10	150
3	1	10	200

编号	复合板密度/(g/cm³)	污泥施胶量/%	单板施胶量/(g/cm²)
4	0.9	13	100
5	1	13	150
6	0.8	13	200
7	1	16	100
8	0.8	16	150
9	0.9	16	200

4）结果及分析　杨木单板-造纸污泥复合板力学性能测试结果见表 6-25。从表 6-25 可以看出，通过上下两面单板的增强处理后，复合板的顺纹抗弯强度均在 50MPa 以上，大于 GB 11718—2008 中 24MPa 的要求。弹性模量（MOR）均在 5.0GPa 以上，大于标准要求的 2.4GPa；内结合强度（IB）均在 0.7MPa，大于标准要求的 0.5MPa；吸水厚度膨胀率（TS）均在 10％以下，小于标准中要求的 12％。可以看出，杨木单板-造纸污泥复合人造板具有较好的物理力学性能，在部分场合可取代传统的 MDF 等材料。而从强度与环保要求两个方面考虑，污泥施胶量以 13％、单板的施胶量以 150g/cm² 为宜。

表 6-25　杨木单板-造纸污泥复合板的物理力学性能测试结果

序号	密度/(g/cm³)	MOR/MPa	MOE/GPa	表面结合强度/MPa	IB/MPa	24hTS/%
1	0.81	50.0	5.30	0.72	1.02	8.3
2	1.03	52.5	5.73	0.89	1.15	8.0
3	1.06	55.5	5.88	1.19	1.26	7.6
4	0.91	52.5	5.60	0.80	1.16	7.9
5	1.13	56.4	6.20	1.25	1.32	7.0
6	0.92	58.6	7.34	1.00	1.14	6.8
7	1.16	53.5	5.63	1.10	1.03	7.7
8	0.87	58.5	6.60	1.20	1.21	6.3
9	1.12	59.1	6.96	1.42	1.43	6.0

参 考 文 献

[1] Wang T, Zhong W G, Wang Y H. The technique of comprehensive utilizing of pulping waste water[J]. China. Water and Waste water，2004，20(2)：34-36.

[2] 贺兰海，单连文等.焚烧法处理制浆造纸污泥技术[J].中华纸业，2006，27(增刊)：61.

[3] 万金泉，马邕文.造纸工业废水处理技术及工程实例[M].北京：化学工业出版社.2008：176-179.

[4] 周肇秋，赵增立等.造纸废渣污泥基础特性研究——造纸废渣污泥气化处理能量利用技术研究之一[J].造纸科学与技术，2001，20(6)：14-17.

[5] 潘美玲，张安龙.造纸污泥的基础性质与资源化利用[J].纸和造纸，2011，30(1)：50-53.

[6] 张自杰. 排水工程(下册). 第 4 版. 北京：中国建筑工业出版社，2009.

[7] 王星，赵天涛，赵由才. 污泥生物处理技术[M]. 北京：冶金工业出版社，2010.

[8] 季民，王芬，杨洁等. 超声破解促进污泥厌氧消化的机理及污泥减量化技术研究[C]. 天津市土木工程学会给水排水分科学会第六届第一次年会，2010：632：643.

[9] 史吉航，吴纯德. 超声破解促进污泥两相厌氧消化性能研究[J]. 中国给水排水，2008，24(21)：21-25.

[10] 伍峰，周少奇，赖杨岚. 造纸污泥厌氧发酵生物产氢研究[J]. 中国造纸，2010，29(1)：39-42.

[11] 陈英文，刘明庆等. 臭氧预处理-厌氧消化工艺促进剩余污泥减量化的研究[J]. 环境污染与防治，2012，34(1)：33-36.

[12] 林云琴，王德汉等. 预处理对造纸污泥厌氧消化产甲烷性能的影响研究[J]. 中国环境科学，2010，30(5)：650-657.

[13] 董晓峰，沈光银等. 利用造纸污泥生产建筑轻质节能砖[J]. 浙江建筑，2008，25(2)：50-52.

[14] 杨小凤，王志玲. 一种以造纸污泥为原料生产的轻质砖及其制备方法[P]. 中国，201110053067. 8. 2011-10-12.

[15] 广州绿由工业弃置废物回收处理有限公司. 一种用造纸污泥生产的烧结轻质环保砖及其制造方法[P]. 中国，CN101913842A，2010-12-15.

[16] 连海兰，曹云峰，唐景全等. 杨木化机浆污泥/马尾松纤维复合板的制备及性能研究[J]. 南京林业大学学报(自然科学版)，2012，36(4)：98-102.

[17] 赵由才，宋玉. 生活垃圾处理与资源化技术手册[M]. 北京：冶金工业出版社. 2007：482-484.

[18] 王德汉，彭俊杰，戴苗. 造纸污泥好氧堆肥处理技术研究[J]. 中国造纸学报. 2003，18(1)：135-140.

[19] 王罗春，李雄，赵由才等. 污泥干化与焚烧技术[M]. 北京:冶金工业出版社，2010：149-156.

[20] 吴福骞. 制浆造纸厂污泥的燃烧处理[J]. 中国造纸，1984，1：48-54.

[21] 葛成雷，吴朝军. 造纸污泥深度脱水技术研究进展[J]. 中华纸业，2012，33(4)：7-10.

[22] 魏好勇. 造纸污泥深度脱水装备研发成果：板带结合压滤机[J]. 中华纸业，2012，33(4)：14-16.

[23] 应广东，乔军，吴朝军等. 造纸污泥半干化脱水实验研究[J]. 华东纸业，2011，42(3)：26-29.

[24] 覃宇奔，郑云磊，胡华宇等. 造纸污泥/PVC 木塑复合材料的制备工艺[J]. 包装工程，2014，35(02)：10-15.

[25] 韩卿，钱威威，刘睿. 造纸污泥酶改性及其对制备 PVC 复合材料性能影响的研究[J]. 中国造纸，2015，34(12)：16-20.

[26] 董宏敢，王传贵，涂道伍等. 单板增强型造纸污泥人造板的制备及性能分析[J]. 林产工业，2014，41(5)：27-29.

附录

附录一　制浆造纸行业清洁生产评价指标体系

1　适用范围

本指标体系规定了制浆造纸企业清洁生产的一般要求。本指标体系将清洁生产指标分为六类，即生产工艺及设备要求、资源和能源消耗指标、资源综合利用指标、污染物产生指标、产品特征指标和清洁生产管理指标。

本指标体系适用于制浆造纸企业的清洁生产评价工作。

本指标体系不适用本体系中未涉及的纸浆、纸及纸板的清洁生产评价。

2　规范性引用文件

本指标体系内容引用了下列文件中的条款。凡不注明日期的引用文件，其有效版本适用于指标体系。

GB 11914　水质　化学耗氧量的测定　重铬酸盐法

GB 17167　企业能源计量器具配备和管理导则

GB 18597　危险废物贮存污染控制标准

GB 18599　一般工业固体废物贮存、处置场污染控制标准

GB 24789　用水单位水计量器具配备和管理通则

GB/T 15959　水质　可吸附有机卤素（AOX）的测定　微库仑法

GB/T 18820　工业企业产品取水定额编制通则

GB/T 24001　环境管理体系　要求及使用指南

GB/T 27713　非木浆碱回收燃烧系统能量平衡及能量效率计算方法

HJ 617　企业环境报告书编制导则

HJ/T 205　环境标志产品技术要求　再生纸制品

HJ/T 410　环境标志产品技术要求　复印纸

QB 1022　制浆造纸企业综合能耗计算细则

《危险化学品安全管理条例》（中华人民共和国国务院令　第 591 号）

《环境信息公开办法（试行）》（国家环境保护总局令　第 35 号）

《排污口规范化整治技术要求（试行）》（国家环保局环监〔1996〕470 号）

《清洁生产评价指标体系编制通则》（试行稿）（国家发展改革委、环境保护部、工业和信息化部　2013 年第 33 号公告）

3　术语和定义

GB/T 18820、HJ/T 205、HJ/T 410、《清洁生产评价指标体系编制通则》（试行稿）所确立的以及下列术语和定义适用于本指标体系。

3.1　清洁生产

不断采取改进设计、使用清洁的能源和原料、采用先进的工艺技术与设备、改善管理、综合利用等措施，从源头削减污染，提高资源利用效率，减少或者避免生产、服务和产品使用过程中污染物的产生和排放，以减轻或者消除对人类健康和环境的危害。

3.2　清洁生产评价指标体系

由相互联系、相对独立、互相补充的系列清洁生产水平评价指标所组成的，用于评价清洁生产水平的指标集合。

3.3　污染物产生指标（末端处理前）

即产污系数，指单位产品的生产（或加工）过程中，产生污染物的量（末端处理前）。本指标体系主要是水污染物产生指标。水污染物产生指标包括污水处理装置入口的污水量和污染物种类、单排量或浓度。

3.4　指标基准值

为评价清洁生产水平所确定的指标对照值。

3.5　指标权重

衡量各评价指标在清洁生产评价指标体系中的重要程度。

3.6　指标分级

根据现实需要，对清洁生产评价指标所划分的级别。

3.7　清洁生产综合评价指数

根据一定的方法和步骤，对清洁生产评价指标进行综合计算得到的数值。

3.8　碱回收率

指经碱回收系统所回收的碱量（不包括由于芒硝还原所得的碱量）占同一计量时间内制浆过程所用总碱量（包括漂白工序之前所有生产过程的耗碱总量，但不包括漂白工序消耗的碱量）的质量百分比。

3.9　水重复利用率

指在一定的计量时间内，生产过程中使用的重复利用水量（包括循环利用的水量和直接或经处理后回收再利用的水量）与总用水量之比。

3.10　黑液提取率

指在一定计量时间内洗涤过程所提取黑液中的溶解性固形物占同一计量时间内制

浆（指漂白之前的所有工艺）生产过程所产生的全部溶解性固形物的质量百分比。

4　评价指标体系

4.1　指标选取说明

本评价指标体系根据清洁生产的原则要求和指标的可度量性，进行指标选取。根据评价指标的性质，可分为定量指标和定性指标两种。

定量指标选取了有代表性的、能反映"节能"、"降耗"、"减污"和"增效"等有关清洁生产最终目标的指标，综合考评企业实施清洁生产的状况和企业清洁生产程度。定性指标根据国家有关推行清洁生产的产业发展和技术进步政策、资源环境保护政策规定以及行业发展规划选取，用于考核企业对有关政策法规的符合性及其清洁生产工作实施情况。

4.2　指标基准值及其说明

在定量评价指标中，各指标的评价基准值是衡量该项指标是否符合清洁生产基本要求的评价基准。本评价指标体系确定各定量评价指标的评价基准值的依据是：凡国家或行业在有关政策、法规及相关规定中，对该项指标已有明确要求的，执行国家要求的指标值；凡国家或行业对该项指标尚无明确要求的，则选用国内重点大中型制浆造纸企业近年来清洁生产所实际达到的中上等以上水平的指标值。在定性评价指标体系中，衡量该项指标是否贯彻执行国家有关政策、法规的情况，按"是"或"否"两种选择来评定。

4.3　指标体系

不同类型制浆造纸企业清洁生产评价指标体系的各评价指标、评价基准值和权重值见附表1～附表13。

附表1 漂白硫酸盐木（竹）浆评价指标项目、权重及基准值

序号	一级指标	一级指标权重	二级指标		单位	二级指标权重	I级基准值	II级基准值	III级基准值
1	生产工艺及建设要求	0.3	原料			0.05	符合国家有关森林管理的规定及林纸一体化相关利用或直接采购木片（竹片）		
2			备料			0.15	干法剥皮,冲洗水循环利用或直接采购木片（竹片）		
3			蒸煮工艺			0.2	低能耗连续或间歇蒸煮、氧脱木素	低能耗循环利用蒸煮、氧脱木素	低能耗连续或间歇蒸煮
4			洗涤工艺			0.15	多段逆流洗涤		
5			筛选工艺			0.15	全封闭压力筛选		压力筛选
6			漂白工艺			0.2	TCF① 或 ECF① 漂白		
7			碱回收工艺			0.1	有污冷凝水汽提,臭气收集和焚烧,副产品回收,热电联产		碱回收设施配套齐全,运行正常
8	资源和能源消耗指标	0.2	*单位产品取水量	木浆	m³/Adt①	0.5	33	38	60
				竹浆			38	43	65
9			*单位产品综合能耗（外购能源）	木浆	kgce/Adt	0.5	160	330	420
				竹浆②			280	380	550
10	资源综合利用指标	0.2	*黑液提取率	木浆	%	0.1	99	97	96
				竹浆			98	95	93
11			*碱回收率	木浆	%	0.26	98	96	94
				竹浆			96	94	93
12			*碱炉热效率	木浆	%	0.23	72	70	68
				竹浆			66	62	58
13			白泥综合利用率	*木浆	%	0.1	98	95	92
				竹浆			60	40	20
14			水重复利用率		%	0.17	90	85	80
15			锅炉灰渣综合利用率		%	0.07	100	100	100
16			备料渣（指木屑,竹屑等）综合利用率		%	0.07	100	100	100

序号	一级指标	一级指标权重	二级指标		单位	二级指标权重	I级基准值	II级基准值	III级基准值
17	污染物产生指标	0.15	*单位产品废水产生量	木浆	m³/Adt	0.47	28	32	50
				竹浆			32	36	55
18			*单位产品COD$_{Cr}$产生量	木浆	kg/Adt	0.33	30	37	42
				竹浆			38	45	55
19			可吸附有机卤素(AOX)产生量	木浆	kg/Adt	0.2	0.2	0.35	0.6
				竹浆			0.3	0.45	0.6
20	清洁生产管理指标	0.15	参见附表7⑤						

① Adt 表示吨风干浆，以下同。
② 竹浆综合能耗（外购能源）不包括石灰备所用能源。
③ TCF：全无氯漂白。
④ ECF：无元素氯漂白。
⑤ 附表7计算结果为本表的一部分，计算方法与本表其他指标相同。

注：1. 带*的指标为限定性指标。
2. 化学品制备只包括二氧化氯、二氧化硫和氧气的制备。

附表2　本色硫酸盐木（竹）浆评价指标项目、权重及基准值

序号	一级指标	一级指标权重	二级指标	二级指标权重	单位	I级基准值	II级基准值	III级基准值
1	生产工艺及设备要求	0.3	原料	0.1		符合国家有关森林管理的规定及林纸一体化相关规定的木片(竹片)		
2			备料	0.1		干法剥皮，冲洗水循环利用或直接采购木片(竹片)		
3			蒸煮工艺	0.15		低能耗连续或间歇蒸煮		
4			洗涤工艺	0.2		多段逆流洗涤		
5			筛选工艺	0.2		全封闭压力筛选	压力筛选	改进传统的筛选
6			碱回收工艺	0.25		有污冷凝水汽提，臭气收集和焚烧，副产品回收、热电联产	碱回收设施配套齐全，运行正常	

序号	一级指标	一级指标权重	二级指标		单位	二级指标权重	I级基准值	II级基准值	III级基准值
7	资源和能源消耗指标	0.2	*单位产品取水量	木浆	m³/Adt	0.5	20	25	50
				竹浆			23	30	50
8			*单位产品综合能耗（外购能源）	木浆	kgce/Adt	0.5	110	200	300
				竹浆			200	250	350
9	资源综合利用指标	0.2	*黑液提取率	木浆	%	0.1	99	98	96
				竹浆			98	95	93
10			*碱回收率	木浆	%	0.26	97	95	92
				竹浆			95	92	90
11			*碱炉热效率	木浆	%	0.23	70	68	66
				竹浆			64	60	56
12			白泥综合利用率	*木浆	%	0.1	98	90	85
				竹浆			60	40	20
13			水重复利用率		%	0.17	90	85	80
14			锅炉灰渣综合利用率		%	0.07	100	100	100
15			备料渣（指木屑,竹屑等）综合利用率		%	0.07	100	100	100
16	污染物产生指标	0.15	*单位产品废水产生量	木浆	m³/Adt	0.67	16	20	42
				竹浆			18	25	42
17			*单位产品COD_Cr产生量	木浆	kg/Adt	0.33	10	18	32
				竹浆			18	25	37
18	清洁生产管理指标	0.15	参见附表7①						

① 附表7计算结果为本表的一部分，计算方法与本表其他指标相同。

注：带*的指标为限定性指标。

附表3 化学机械木浆评价指标项目、权重及基准值

序号	一级指标	一级指标权重	二级指标		单位	二级指标权重	I级基准值	II级基准值	III级基准值
1	生产工艺及装备指标	0.3	化学预浸渍			0.5		碱性浸渍	
			磨浆			0.5		高浓磨浆机	
2	资源和能源消耗指标	0.2	* 单位产品取水量	APMP①	m³/Adt	0.5	13	20	38
				BCTMP②			13	20	38
3			* 单位产品综合能耗（自用浆）		kgce/Adt	0.5	250	300	350
4			水重复利用率		%	0.5	90	85	80
5	资源综合利用指标	0.2	锅炉灰渣综合利用率		%	0.25	100	100	100
6			备料渣（指木屑等）综合利用率		%	0.25	100	100	100
7	污染物产生指标	0.15	* 单位产品废水产生量	APMP	m³/Adt	0.6	10	15	32
				BCTMP			10	15	32
8			* 单位产品 COD_{Cr} 产生量	APMP	kg/Adt	0.4	110	130	190
				BCTMP			90	120	190
9	清洁生产管理指标	0.15					参见附表7①		

① APMP：碱性过氧化氢机械浆。

② BCTMP：漂白化学热磨机械浆。

③ 附表7计算结果为本表的一部分，计算方法与本表其他指标相同。

注：带 * 的指标为限定性指标。

附表4 漂白化学非木浆评价指标项目、权重及基准值

序号	一级指标	一级指标权重	二级指标		单位	二级指标权重	Ⅰ级基准值	Ⅱ级基准值	Ⅲ级基准值
1	生产工艺及设备要求	0.3	备料	麦草浆		0.1	干湿法或干法备料，洗涤水循环利用	干湿法或干法备料，洗涤水循环利用	干湿法或干法备料，洗涤水循环利用
				蔗渣浆、苇浆			除髓蔗渣/湿法堆存，干湿法苇浆备料	除髓蔗渣/湿法堆存，干湿法苇浆备料	除髓蔗渣/湿法堆存，干湿法苇浆备料
2			蒸煮工艺	麦草浆		0.1	低能耗连续或间歇蒸煮，氧脱木素	低能耗连续或间歇蒸煮，氧脱木素	低能耗连续或间歇蒸煮
				蔗渣浆、苇浆			低能耗连续或间歇蒸煮，氧脱木素	低能耗连续或间歇蒸煮，氧脱木素	低能耗连续或间歇蒸煮
3			洗涤工艺	麦草浆		0.1	多段逆流洗涤	多段逆流洗涤	多段逆流洗涤
				蔗渣浆、苇浆			多段逆流洗涤	多段逆流洗涤	多段逆流洗涤
4			筛选工艺	麦草浆		0.15	全封闭压力筛选	压力筛选	压力筛选
				蔗渣浆、苇浆			全封闭压力筛选	压力筛选	压力筛选
5			漂白工艺	麦草浆		0.2	ECF或TCF	ClO$_2$或H$_2$O$_2$替代部分元素氯漂白，ECF	ClO$_2$替代部分元素氯漂白
				蔗渣浆、苇浆			ECF或TCF	ClO$_2$或H$_2$O$_2$替代部分元素氯漂白，ECF	ClO$_2$替代部分元素氯漂白
6			碱回收工艺			0.25	碱回收设施齐全，有污冷凝水气提，副产品回收	碱回收设施齐全，有污冷凝水气提，副产品回收	碱回收设施齐全，运行正常
7			能源回收设施			0.1	有热电联产设施	有热电联产设施	有热回收设施
8	资源和能源消耗指标	0.2	*单位产品取水量	麦草浆	m³/Adt	0.5	80	100	110
				蔗渣浆、苇浆		0.5	80	90	100
9			*单位产品综合能耗（外购能源）	麦草浆（自用浆）	kgce/Adt	0.5	420	460	550
				蔗渣浆、苇浆（自用浆）		0.5	400	440	500

序号	一级指标	一级指标权重	二级指标		单位	二级指标权重	I级基准值	II级基准值	III级基准值
10	资源综合利用指标	0.2	＊黑液提取率	麦草浆	%	0.17	88	85	80
				苇浆			92	90	88
				蔗渣浆			90	88	86
11			＊碱回收率	麦草浆	%	0.29	80	75	70
				蔗渣浆、苇浆			85	80	75
12			＊碱炉热效率		%	0.23	65	60	55
13			水重复利用率		%	0.17	85	80	75
14			锅炉灰渣综合利用率		%	0.06	100	100	100
15			＊白泥残碱率（以 Na₂O 计）		%	0.08	1.0	1.2	1.5
16	污染物产生指标	0.15	＊单位产品废水产生量	麦草浆	m³/Adt	0.47	60	85	90
				苇浆			60	75	85
				蔗渣浆			70	75	85
17			＊单位产品 COD_Cr 产生量①	麦草浆	kg/Adt	0.33	150	200	230
				蔗渣浆、苇浆（烧碱法）			110	165	230
				蔗渣浆、苇浆（硫酸盐法）			125	175	230
18			可吸附有机卤素（AOX）产生量		kg/Adt	0.2	0.4	0.6	0.9
19	清洁生产管理指标	0.15					参见附表 7②		

① COD_Cr 不包括温法备料洗涤产生的废水。

② 附表 7 计算结果为本表其他产品指标，计算方法与本表其他指标相同。

注：1. 其他草浆产品指标同麦草浆指标。

2. 带＊的指标为限定性指标。

附表5 非木半化学浆评价指标项目、权重及基准值

序号	一级指标	一级指标权重	二级指标	二级指标	单位	二级指标权重	I级基准值	II级基准值	III级基准值
1	生产工艺及设备要求	0.3	备料	稻麦草浆、蔗渣浆、苇浆、棉秆浆		0.25	干湿法或干法备料，洗涤水循环利用		
2			蒸煮工艺	稻麦草浆、蔗渣浆、苇浆、棉秆浆		0.25	低能耗连续或间歇蒸煮		
3			洗涤工艺	稻麦草浆、蔗渣浆、苇浆、棉秆浆		0.25	多段逆流洗涤		
4			筛选工艺	稻麦草浆、蔗渣浆、苇浆、棉秆浆		0.25	全封闭压力筛选	压力筛选	
5	资源和能源消耗指标	0.25	*单位产品取水量	碱法制浆	m³/Adt	0.5	60	70	80
				亚铵法制浆			45	55	70
6			*单位产品综合能耗（自用能源，外购能源）		kgce/Adt	0.5	300	350	420
7	资源综合利用指标	0.15	锅炉灰渣综合利用率		%	0.4	100	100	100
8			水重复利用率		%	0.6	85	75	70
9	污染物产生指标	0.15	*单位产品废水产生量	碱法制浆	m³/Adt	0.6	50	60	65
				亚铵法制浆			40	50	60
10			*单位产品 CODcr 产生量①	碱法制浆	kg/Adt	0.4	250	300	350
				亚铵法制浆			60	80	110
11	清洁生产管理指标	0.15					参见附表7②		

① COD_{Cr} 产生量不包括湿法备料洗涤产生的废水。
② 附表 7 计算结果为本表的一部分，计算方法与本表其他指标相同。
注：带 * 的指标为限定性指标。

附表6　废纸浆评价指标项目、权重及基准值

序号	一级指标	一级指标权重	二级指标		单位	二级指标权重	Ⅰ级基准值	Ⅱ级基准值	Ⅲ级基准值
1	生产工艺及设备要求	0.3	碎浆	脱墨废纸浆		0.25	碎浆浓度>15%	碎浆浓度>8%	碎浆浓度>4%
				非脱墨废纸浆			碎浆浓度>8%	碎浆浓度>8%	碎浆浓度>4%
2			筛选			0.25	压力筛选	压力筛选	
3			浮选			0.25	封闭式脱墨设备	开放式脱墨设备	
4			漂白			0.25	过氧化氢漂白、还原漂白（不使用氯元素漂白剂）		
5	资源和能源消耗指标	0.3	*单位产品取水量	脱墨废纸浆	m³/Adt	0.5	7	11	30
				非脱墨废纸浆			5	9	20
6			*单位产品综合能耗	脱墨废纸浆 废旧新闻纸	kgce/Adt	0.5	65	90	120
				脱墨废纸浆 其它废纸			140	175	210
				非脱墨废纸浆			45	60	85
7	资源综合利用指标	0.1	水重复利用率	脱墨废纸浆	%	1	90	85	80
				非脱墨废纸浆			95	90	85
8	污染物产生指标	0.15	*单位产品废水产生量	脱墨废纸浆	m³/Adt	0.6	5	8	25
				非脱墨废纸浆			3	6	15
9			*单位产品COD$_{Cr}$产生量	脱墨废纸浆	kg/Adt	0.4	22	35	40
				非脱墨废纸浆			10	20	25
10	清洁生产管理指标	0.15					参见附表7①		

① 附表7计算结果为本表的一部分，计算方法与本表其他指标相同。

注：1. 带*的指标为本表限定性指标。

2. 废纸浆指标以废纸为原料，经过碎浆处理，必要时进行脱墨，漂白等工序制成纸浆的生产过程。

3. 非脱墨废纸浆增加一级热分散增加能耗25kgce/Adt（按纤维分级长短纤维各50%计）。

附表7 制浆企业清洁生产管理指标项目基准值

序号	一级指标	二级指标	指标分值	I级基准值	II级基准值	III级基准值
1	清洁生产管理指标	*环境法律法规标准执行情况	0.155	符合国家和地方有关环境法律、法规，废水、废气、噪声等污染物排放符合国家和地方污染物排放总量控制指标和排污许可证管理要求		符合国家和地方有关环境法律、法规，废水、废气、噪声等污染物排放应达到国家和地方污染物排放标准；污染物排放应达到
2		*产业政策执行情况	0.065	生产规模符合国家和地方相关产业政策，不使用国家和地方明令淘汰的落后工艺和装备		
3		*固体废物处理处置	0.065	采用符合国家规定的废物处置方法处置废物；一般固体废物按照GB 18599相关规定执行	采用符合国家规定的废物处置方法处置废物；一般固体废物按照GB 18599相关规定执行；危险废物按照GB 18597相关规定执行	
4		清洁生产审核情况	0.065	按照国家和地方要求，开展清洁生产审核		
5		环境管理体系制度	0.065	按照GB/T 24001建立并运行环境管理体系，环境管理程序文件及作业文件齐备		拥有健全的环境管理体系和完备的管理文件
6		废水处理设施运行管理	0.065	建有废水处理设施运行中控系统，建立治污设施运行台账	建立治污设施运行台账	
7		污染物排放监测	0.065	按照《污染源自动监控管理办法》的规定，安装污染物排放自动监控设备，并与环境保护主管部门的监控设备联网，并保证设备正常运行	按照《污染源自动监控管理办法》的规定，安装污染物排放自动监控设备，并保证设备正常运行	对污染物排放实行定期监测
8		能源计量器具配备情况	0.065	能源计量器具配备率符合GB 17167，GB 24789三级计量要求	能源计量器具配备率符合GB 17167，GB 24789二级计量要求	
9		环境管理制度和机构	0.065	具有完善的环境管理制度；设置专门环境管理机构和专职管理人员		
10		污水排放口管理	0.065	排污口符合《排污口规范化整治技术要求（试行）》相关要求		
11		危险化学品管理	0.065	符合《危险化学品安全管理条例》相关要求		
12		环境应急	0.065	编制系统的环境应急预案并开展环境应急预案演练	编制系统的环境应急预案	
13		环境信息公开	0.065	按照《环境信息公开办法（试行）》第十九条要求公开环境信息	按照《环境信息公开办法（试行）》第十九条要求公开环境信息	按照《环境信息公开办法（试行）》第二十条要求公开环境信息
14			0.065	按照HJ 617编写企业环境报告书		

注：带*的指标为限定性指标。

附表8　新闻纸定量评价指标项目、权重及基准值

序号	一级指标	一级指标权重	二级指标	单位	二级指标权重	Ⅰ级基准值	Ⅱ级基准值	Ⅲ级基准值
1	资源和能源消耗指标	0.2	* 单位产品取水量	m³/t	0.5	8	13	20
2			* 单位产品综合能耗①	kgce/t	0.5	240	280	330
3	资源综合利用指标	0.1	水重复利用率	%	1	90	85	80
4	污染物产生指标	0.3	* 单位产品废水产生量	m³/t	0.5	7	11	17
5			* 单位产品 COD_{Cr} 产生量	kg/t	0.5	11	15	18
6	纸产品定性评价指标	0.4				参见附表13②		

① 综合能耗指标只限纸机抄造过程。

② 附表13计算结果为本表的一部分，计算方法与本表其他指标相同。

注：带 * 的指标为限定性指标。

附表9　印刷书写纸定量评价指标项目、权重及基准值

序号	一级指标	一级指标权重	二级指标	单位	二级指标权重	Ⅰ级基准值	Ⅱ级基准值	Ⅲ级基准值
1	资源和能源消耗指标	0.2	* 单位产品取水量	m³/t	0.5	13	20	24
2			* 单位产品综合能耗①	kgce/t	0.5	280	330	420
3	资源综合利用指标	0.1	水重复利用率	%	1	90	85	80
4	污染物产生指标	0.3	* 单位产品废水产生量	m³/t	0.5	11	17	20
5			* 单位产品 COD_{Cr} 产生量	kg/t	0.5	10	15	18
6	纸产品定性评价指标	0.4				参见附表13②		

① 综合能耗指标只限纸机抄造过程。

② 附表13计算结果为本表的一部分，计算方法与本表其他指标相同。

注：1. 印刷书写纸包括书刊印刷纸、印刷纸、书写纸等。

　　2. 带 * 的指标为限定性指标。

附表10 生活用纸定量评价指标项目、权重及基准值

序号	一级指标	一级指标权重	二级指标	单位	二级指标权重	Ⅰ级基准值	Ⅱ级基准值	Ⅲ级基准值
1	资源和能源消耗指标	0.2	*单位产品取水量	m³/t	0.5	15	23	30
2			*单位产品综合能耗①	kgce/t	0.5	400	510	580
3	资源综合利用指标	0.1	水重复利用率	%	1	90	85	80
4	污染物产生指标	0.3	*单位产品废水产生量	m³/t	0.5	12	20	25
5			*单位产品 COD$_{Cr}$产生量	kg/t	0.5	10	15	22
6	纸产品定性评价指标	0.4	参见附表13②					

① 综合能耗指标只限纸机抄造过程。
② 附表13 计算结果为本表的一部分。计算方法与本表其他指标相同。
注：1. 生活用纸包括卫生纸、面巾纸、手帕纸、餐巾纸等。
2. 带＊的指标为限定性指标。

附表11 纸板定量评价指标项目、权重及基准值

序号	一级指标	一级指标权重	二级指标		单位	二级指标权重	Ⅰ级基准值	Ⅱ级基准值	Ⅲ级基准值
1	资源利用能源消耗指标	0.2	*单位产品取水量	白纸板	m³/t	0.5	10	15	26
				箱纸板			8	13	22
				瓦楞原纸			8	13	20
2			*单位产品综合能耗①	白纸板	kgce/t	0.5	250	300	330
				箱纸板			240	280	320
				瓦楞原纸			250	300	330
3	资源综合利用指标	0.1	水重复利用率		%	1	90	85	80

序号	一级指标	一级指标权重	二级指标		单位	二级指标权重	I级基准值	II级基准值	III级基准值
4	污染物产生指标	0.3	*单位产品废水产生量	白纸板	m³/t	0.5	8	12	22
				箱纸板			7	11	18
				瓦楞原纸			7	11	17
5			*单位产品 COD_{Cr} 产生量		kg/t	0.5	11	15	22
6	纸产品定性评价指标	0.4	参见附表13②						

① 综合能耗指标只限纸机抄造过程。
② 附表13计算方法为本表其他指标相同。
注：1. 白纸板包括涂布或未涂布白纸板、白卡纸、液体包装板等。
　　2. 箱纸板包括普通箱纸板、牛皮挂面箱纸板、牛皮箱纸板等。
　　3. 带*的指标为限定性指标。

附表12　涂布纸定量评价指标项目、权重及基准值

序号	一级指标	一级指标权重	二级指标	单位	二级指标权重	I级基准值	II级基准值	III级基准值
1	资源和能源消耗指标	0.2	*单位产品取水量	m³/t	0.5	14	19	26
2			*单位产品综合能耗①	kgce/t	0.5	320	380	430
3	资源综合利用指标	0.1	水重复利用率	%	1	90	85	80
4	污染物产生指标	0.3	*单位产品废水产生量	m³/t	0.5	12	16	23
5			*单位产品 COD_{Cr} 产生量	kg/t	0.5	11	16	19
6	纸产品定性评价指标	0.4	参见附表13②					

① 综合能耗包括纸机抄造和涂布过程。
② 附表13计算结果为本表为本表其他指标相同。计算方法与本表其他指标相同。
注：带*的指标为限定性指标。

附表13 纸产品企业定性评价指标项目及权重

序号	一级指标	指标分值	二级指标		指标分值	I级基准值	II级基准值	III级基准值
1	生产工艺及装备指标	0.375	真空系统		0.2	循环使用水		
2			冷凝水回收系统		0.2	采用冷凝水回收系统		
3			废水再利用系统		0.2	拥有白水回收利用系统		
4			填料回收系统		0.13	拥有填料回收系统（涂布纸有涂料回收系统）		
5			汽罩排风余热回收		0.13	采用闭式汽罩及热回收		
6			能源利用		0.14	拥有热电联产设施		
7	产品特征指标	0.25	*染料	新闻纸/印刷书写纸/生活用纸	0.4	不使用附录2中所列染料		
				涂布纸		不使用附录2中所列染料，不使用含甲醛的涂料		
8			*增白剂	纸巾纸/食品包装纸/纸杯	0.2	不使用荧光增白剂		
9			环境标志	复印纸	0.4	符合HJ/T410相关要求		
10				再生纸制品		符合HJ/T205相关要求		
11	清洁生产管理指标	0.375	*环境法律法规标准执行情况		0.155	符合国家和地方有关环境法律、法规，废水、废气、噪声等污染物排放符合国家和地方污染物排放标准；污染物排放应达到国家和地方污染物排放总量控制指标和排污许可证管理要求		
12			*产业政策执行情况		0.065	生产规模符合国家和地方相关产业政策，不使用国家和地方明令淘汰的落后工艺和装备		
13			*固体废物处理处置		0.065	采用符合国家规定的废物处置方法处置废物；一般固体废物按照GB18599相关规定执行；危险废物按照GB18597相关规定执行		
14			清洁生产审核情况		0.065	按照国家和地方要求，开展清洁生产审核		

序号	一级指标	指标分值	二级指标	指标分值	Ⅰ级基准值	Ⅱ级基准值	Ⅲ级基准值
15	清洁生产管理指标	0.375	环境管理体系制度	0.065	按照GB/T 24001建立并运行环境管理体系，环境管理程序文件及作业管理文件齐备	拥有健全的环境管理体系和完备的管理文件
16			废水处理设施运行管理	0.065	建有废水处理设施运行中控系统，建立治污设施运行台账	建立治污设施运行台账	
17			污染物排放监测	0.065	按照《污染源自动监控管理办法》的规定，安装污染物排放自动监控设备，并与环境保护主管部门的监控设备联网，并保证设备正常运行		对污染物排放实行定期监测
18			能源计量器具配备情况	0.065	能源计量器具配备率符合 GB17167，GB 24789 三级计量要求	能源计量器具配备率符合 GB 17167，GB 24789 二级计量要求	
19			环境管理制度和机构	0.065	具有完善的环境管理制度；设置专门环境管理机构和专职管理人员		
20			污水排放口管理	0.065	排污口符合《排污口规范化整治技术要求（试行）》相关要求		
21			危险化学品管理	0.065	符合《危险化学品安全管理条例》相关要求		
22			环境应急	0.065	编制系统的环境应急预案；开展环境应急演练	编制系统的环境应急预案	
23			环境信息公开	0.065	按照《环境信息公开办法（试行）》第十九条要求公开环境信息	按照《环境信息公开办法（试行）》第二十条要求公开环境信息	
24				0.065	按照HJ 617编写企业环境报告书		

注：带 * 的指标为限定性指标。

5 评价方法

5.1 指标无量纲化

不同清洁生产指标由于量纲不同，不能直接比较，需要建立原始指标的函数。

$$Y_{g_k}(x_{ij}) = \begin{cases} 100, & x_{ij} \in g_k \\ 0, & x_{ij} \notin g_k \end{cases} \qquad (5\text{-}1)$$

式中　　x_{ij}——第 i 个一级指标下的第 j 个二级指标；

g_k——二级指标基准值，其中 g_1 为 Ⅰ 级水平，g_2 为 Ⅱ 级水平，g_3 为 Ⅲ 级水平；

$Y_{g_k}(x_{ij})$——二级指标 x_{ij} 对于级别 g_k 的函数。

如公式(5-1) 所示，若指标 x_{ij} 属于级别 g_k，则函数的值为 100，否则为 0。

5.2 综合评价指数计算

通过加权平均、逐层收敛可得到评价对象在不同级别 g_k 的得分 Y_{g_k}，如公式（5-2）所示。

$$Y_{g_k} = \sum_{i=1}^{m} \left[w_i \sum_{j=1}^{n_i} w_{ij} Y_{g_k}(x_{ij}) \right] \qquad (5\text{-}2)$$

式中　　w_i——第 i 个一级指标的权重；

w_{ij}——第 i 个一级指标下的第 j 个二级指标的权重，其中 $\sum\limits_{i=1}^{m} w_i = 1$，$\sum\limits_{j=1}^{n_i} w_{ij} = 1$；

m——一级指标的个数；

n_i——第 i 个一级指标下二级指标的个数。

另外，Y_{g1} 等同于 $Y_Ⅰ$，Y_{g2} 等同于 $Y_Ⅱ$，Y_{g3} 等同于 $Y_Ⅲ$。

5.3 浆纸联合生产企业综合评价指数

浆纸联合生产企业综合评价指数是描述和评价浆纸联合生产企业在考核年度内清洁生产总体水平的一项综合指标。浆纸联合生产企业综合评价指数的计算公式为：

$$Y'_{g_k} = \frac{26}{28} \times \sum_{i=1}^{4} \frac{I_i X_i}{I_1 X_1 + I_2 X_2 + I_3 X_3 + I_4 X_4} \times Y_{g_k}^i + \frac{2}{28} \times Y_{g_k}^5 \qquad (5\text{-}3)$$

式中　　Y'_{g_k}——浆纸联合生产企业综合评价指数；$Y_{g_k}^i$——分别为浆纸联合生产企业各类纸浆制浆部分和造纸部分在级别 g_k 上综合评价指数，其中，$Y_{g_k}^1$ 为化学非木浆的综合评价指数，$Y_{g_k}^2$ 为化学木浆的综合评价指数，$Y_{g_k}^3$ 为机械浆的综合评价指数，$Y_{g_k}^4$ 为废纸浆的综合评价指数，$Y_{g_k}^5$ 为纸产品的综合评价指数；

（注：化学木浆包括前文提到的漂白硫酸盐木（竹）浆和本色硫酸盐木（竹）浆；如果企业同时还生产多种纸产品，可以将各种纸产品的综合评价指数按其产量进行加权平均，即可得到 $Y_{g_k}^5$）；

I_i——分别为化学非木浆（I_1）、化学木浆（I_2）、机械浆（I_3）、废纸浆（I_4）、纸产品（I_5）的污染系数。其中：$I_1 = 10$、$I_2 = 7$、$I_3 = 5$、$I_4 = 4$、$I_5 = 2$，如果该企业没有生产其中一种或几种浆，则相应的 $I_i = 0$；X_i——分别为化学草浆（X_1）、化学木浆

(X_2)、机械浆(X_3)、废纸浆(X_4) 在企业生产的各种纸浆产量中所占的百分比，且

$$\sum_{i=1}^{4} X_i = 100\%。$$

5.4 制浆造纸行业清洁生产企业的评定

本标准采用限定性指标评价和指标分级加权评价相结合的方法。在限定性指标达到Ⅲ级水平的基础上，采用指标分级加权评价方法，计算行业清洁生产综合评价指数。根据综合评价指数，确定清洁生产水平等级。

对制浆造纸企业清洁生产水平的评价，是以其清洁生产综合评价指数为依据的，对达到一定综合评价指数的企业，分别评定为清洁生产领先企业、清洁生产先进企业或清洁生产一般企业。

根据目前我国制浆造纸行业的实际情况，不同等级的清洁生产企业的综合评价指数列于附表14。

附表 14 制浆造纸行业不同等级清洁生产企业综合评价指数

企业清洁生产水平	评定条件
Ⅰ级（国际清洁生产领先水平）	同时满足： $Y_1' \geqslant 85$； 限定性指标全部满足Ⅰ级基准值要求
Ⅱ级（国内清洁生产先进水平）	同时满足： $Y_{\parallel}' \geqslant 85$； ——限定性指标全部满足Ⅱ级基准值要求及以上
Ⅲ级（国内清洁生产一般水平）	同时满足： $Y_{\parallel}' = 100$； 限定性指标全部满足Ⅲ级基准值要求及以上

6 指标解释与数据来源

6.1 指标解释

6.1.1 单位产品取水量

企业在一定计量时间内生产单位产品需要从各种水源所取得的水量。工业生产取水量，包括取自地表水（以净水厂供水计量）、地下水、城镇供水工程，以及企业从市场购得的其他水或水的产品（如蒸汽、热水、地热水等），不包括企业自取的海水和苦咸水等以及企业为外供给市场的水的产品（如蒸汽、热水、地热水等）而取用的水量。

以木材、竹子、非木类（麦草、芦苇、甘蔗渣）等为原料生产本色、漂白化学浆，以木材为原料生产化学机械浆，以废纸为原料生产脱墨或非脱墨废纸浆，其生产取水量是指从原料准备至成品浆（液态或风干）的生产全过程所取用的水量。化学浆生产过程取水量还包括制浆化学品药液制备、黑（红）液副产品（黏合剂）生产在内的取水量。以自制浆或商品浆为原料生产纸及纸板，其生产取水量是指从浆料预处理、打浆、抄纸、完成以及涂料、辅料制备等生产全过程的取水量。

注：造纸产品的取水量等于从自备水源总取水量中扣除水净化站自用水量及由该水源供给的居住区、基建、自备电站用于发电的取水量及其他取水量等。

按以下公式计算：

$$V_{ui} = \frac{V_i}{Q} \tag{6-1}$$

式中　V_{ui}——单位产品取水量，m^3/Adt；

　　　V_i——在一定计量时间内产品生产取水量，m^3；

　　　Q——在一定计量时间内产品产量，Adt。

6.1.2　单位产品综合能耗

综合能耗中如涉及外购能源，则外购燃料能源一般以其实物发热量为计算基础折算为标准煤量，外购电按当量值进行计算，$1kW \cdot h = 0.1229kgce$ 折算成标煤。其余综合能耗按电和蒸汽等输入能源计，电按当量值进行计算，$1kW \cdot h = 0.1229kgce$ 折算成标煤，蒸汽按蒸汽热焓值计算，换算标煤：$1MJ = 0.03412kgce$。

企业消耗的各种能源包括主要生产系统、辅助生产系统和附属生产系统用能，不包括冬季采暖用能、生活用能和基建项目用能。生活用能是指企业系统内的宿舍、学校、文化娱乐、医疗保健、商业服务和托儿幼教等直接用于生活方面的能耗。

本指标体系能耗统计范围应包括纸浆、机制纸和纸板的主要生产系统消耗的一次能源（原煤、原油、天然气等）、二次能源（电力、热力、石油制品等）和生产使用的耗能工质（水、压缩空气等）所消耗的能源，不包括辅助生产系统和附属生产系统消耗的能源。辅助生产系统、附属生产系统能源消耗量以及能源损耗量不计入主要生产系统单位产品能耗。

纸浆主要生产系统是指纤维原料经计量从备料开始，经过化学、机械等方法制成纸浆或商品浆入库为止的有关工序组成的完整工艺过程和装备。包括备料、除尘、化学或机械处理（如蒸煮、预处理、磨浆、废纸碎解等）、洗涤、筛选、废纸脱墨、漂白、浓缩及辅料制备、黑液提取、碱回收、中段水处理等工序及装备。商品浆还包括浆板抄造和直接为浆板机配备的真空系统、压缩空气系统、热风干燥系统、通风系统、通汽和冷凝水回收系统、白水回收系统、液压系统和润滑系统等。

机制纸和纸板主要生产系统是指自制浆或商品浆从浆料制备开始，经纸机抄造成成品纸或纸板，直至入库为止的完整工序所使用的工艺过程和装备。包括打浆、配浆、贮浆、净化、流送、成型、压榨、干燥、表面施胶、整饰、卷纸、复卷、切纸、选纸、包装等过程，以及直接为造纸生产系统配备的辅料制备系统、涂料制备系统、真空系统、压缩空气系统、热风干燥系统、纸机通风系统、干湿损纸回收处理系统、纸机通汽和冷凝水回收系统，白水回收系统、纸机液压系统和润滑系统等。

辅助生产系统是指为生产系统工艺装置配置的工艺过程、设施和设备。包括动力、机电、机修、供水、供气、采暖、制冷和厂内原料场地以及安全、环保等装置。

附属生产系统是指为生产系统专门配置的生产指挥系统（厂部）和厂区内为生产服务的部门和单位。包括办公室、检验室、消防、休息室、更衣室等。

单位产品综合能耗指制浆造纸企业在计划统计期内，对实际消耗的各种能源实物量按规定的计算方法和单位分别折算为一次能源后的总和。综合能耗主要包括一次能源(如煤、石油、天然气等)、二次能源(如蒸汽、电力等)和直接用于生产的能耗工质(如冷却水、压缩空气等)。

具体综合能耗按照 QB 1022 计算。按以下公式计算:

$$E_{ui} = \frac{E_i}{Q} \tag{6-2}$$

式中　E_{ui}——单位产品综合能耗,kgce/Adt;

　　　　E_i——在一定计量时间内产品生产的综合能耗,kgce;

　　　　Q——在一定计量时间内产品产量,Adt。

6.1.3　黑液提取率

黑液提取率,按以下公式计算:

$$R_B = \frac{DS}{\dfrac{1}{\eta_P} - 1 - S_R + M_A} \times 100\% \tag{6-3}$$

式中　R_B——黑液提取率,%;

　　　　DS——在一定计量时间内每吨收获浆(指截止到漂白工艺之前的制浆过程所得到的浆料)送蒸发工段黑液中(指过滤纤维后)的溶解性固形物,t/t;

　　　　η_P——在同一计量时间内收获浆(同上)的总得率,%;

　　　　S_R——在同一计量时间内收获浆每吨(同上)的总浆渣产生量,t/t;

　　　　M_A——在同一计量时间内收获浆每吨(同上)的总用碱量,t/t。

6.1.4　碱回收率

碱回收率(特征工艺指标)是指经碱回收系统所回收的碱量(不包括由于芒硝还原所得的碱)占本期制浆过程所用总碱量(包括漂白工艺之前所有生产过程的耗碱总量、但不包括漂白工艺之后的生产过程如碱抽提所消耗的碱量)的质量百分比。碱回收率反映碱法制浆生产工艺过程清洁生产基本水平(包括碱回收系统生产技术及其管理水平)的主要技术指标。

① 计算方法 1

$$R_A = 100 - \frac{a_0 + b + A - B}{A_{11} + b \pm a_k} \times 100\% \tag{6-4}$$

$$a_0 = a(1-W)\varphi P \times 0.437 \tag{6-5}$$

$$A_{11} = A_N K_N \tag{6-6}$$

$$K_N = \frac{(1-S)(1-R_K)}{R_K} \tag{6-7}$$

式中　R_A——碱回收率,%;

　　　　a_0——补充芒硝的产碱量,kg;

　　　　a——芒硝补充量,kg;

　　　　W——芒硝水分,%;

　　　　φ——芒硝的纯度,%;

P——芒硝的还原率，%；

0.437——由芒硝转化为氧化钠的系数；

b——氯漂工艺之前所有制浆过程补充的外来新鲜碱，kg；

A——统计开始时系统结存碱量，kg；

B——统计结束时系统结存碱量，kg；

A_{11}——回收碱量，kg；

A_N——回收活性碱量，kg；

K_N——转换系数；

S——硫化度，%；

R_K——苛化度，%；

a_K——白液结存碱量，kg。

② 计算方法 2

$$R_A = \frac{A_{11} - a_0}{A_t} \times 100\% \tag{6-8}$$

式中　R_A——碱回收率，%；

A_{11}——本期回收碱量，kg；

a_0——本期补充芒硝的产碱量，kg；

A_t——本期制浆（氯漂工艺之前）生产过程的总用碱量，kg。

6.1.5　碱炉热效率

碱炉热效率，按 GB/T 27713 执行。

6.1.6　白泥综合利用率 （η）

白泥综合利用率，按下面计算：

$$\eta = \left(1 - \frac{S_d}{S_t}\right) \times 100\% \tag{6-9}$$

式中　η——白泥综合利用率，%；

S_d——本期绝干白泥排放量，kg；

S_t——本期绝干白泥总产生量，kg。

6.1.7　水重复利用率

水的重复利用率，按下面计算：

$$R = \frac{V_r}{V_i + V_r} \times 100\% \tag{6-10}$$

式中　R——水的重复利用率，%；

V_r——在一定计量时间内重复利用水量（包括循环用水量和串联使用水量），m^3；

V_i——在一定计量时间内产品生产取水量，m^3。

6.1.8　锅炉灰渣综合利用率

锅炉灰渣综合利用率，按下面计算：

$$\eta_a = \frac{Q_r}{Q_t} \times 100\%$$ (6-11)

式中　η_a——锅炉灰渣综合利用率，%；

　　　Q_r——本期锅炉灰渣综合利用量，kg；

　　　Q_t——本期锅炉灰渣总产生量，kg。

6.1.9　备料渣（指木屑等）综合利用率

备料渣（指木屑等）综合利用率，按下面计算：

$$I = \frac{H_i}{H} \times 100\%$$ (6-12)

式中　I——备料渣综合利用率，%；

　　　H——本期备料渣总产生量，kg；

　　　H_i——本期备料渣综合利用量，kg。

6.1.10　单位产品废水产生量

废水产生量，按下面计算：

$$V_{ci} = \frac{V_c}{Q}$$ (6-13)

式中　V_{ci}——单位产品废水产生量，m^3/Adt；

　　　V_c——在一定计量时间内企业生产废水产生量，m^3；

　　　Q——在一定计量时间内产品产量，Adt。

6.1.11　单位产品 COD_{Cr} 产生量

COD_{Cr} 产生量指纸浆造纸过程产生的废水中 COD_{Cr} 的量，在废水处理站入口处进行测定。

$$COD_{Cr} = \frac{C_i V_c}{Q}$$ (6-14)

式中　COD_{Cr}——单位产品 COD 产生量，kg/Adt；

　　　C_i——在一定计量时间内，各生产环节 COD 产生浓度实测加权值，mg/L；

　　　V_c——在一定计量时间内，企业生产废水产生量，m^3；

　　　Q——在一定计量时间内产品产量，Adt。

6.1.12　白泥残碱率

白泥残碱率，按公式(6-15) 计算：

$$\Gamma = \frac{N}{M} \times 100\%$$ (6-15)

式中　Γ——白泥残碱率，%；

　　　M——本期白泥总产生量，kg；

　　　N——本期产生白泥中残碱的含量(以 Na_2O 计)，kg。

6.2　数据来源

6.2.1　统计

企业的产品产量、原材料消耗量、取水量、重复用水量、能耗及各种资源的综合利用量等，以年报或考核周期报表为准。

6.2.2 实测

如果统计数据严重短缺，资源综合利用特征指标也可以在考核周期内用实测方法取得，考核周期一般不少于一个月。

6.2.3 采样和监测

本指标污染物产生指标的采样和监测按照相关技术规范执行，并采用国家或行业标准监测分析方法，详见附表15。

附表 15 污染物项目测定方法标准

监测项目	测定位置	方法标准名称	方法标准编号
化学需氧量（COD_{Cr}）	末端治理设施入口	水质 化学需氧量的测定 重铬酸钾法	GB11914
可吸附有机卤素（AOX）	车间或生产设施废水排放口	水质 可吸附有机卤素（AOX）的测定 微库仑法	GB/T15959

附录二　中国造纸协会关于造纸工业"十三五"发展的意见

前　言

造纸产业是与国民经济和社会发展关系密切并具有可持续发展特点的重要基础原材料产业，包括纸浆制造业、造纸业（含机制纸及纸板、手工纸、加工纸）、纸制品制造业三大部分，涉及农、林、化工、机械、电子、能源、运输等领域。纸及纸板的消费水平是衡量一个国家经济和文明程度的重要标志，产品广泛用于文化传播、人民生活和工农业及国防等各个领域。纸张消费量受到全社会各个领域的直接和间接影响，与国家经济安全息息相关，被称为"社会和经济晴雨表"。造纸产业以木材加工剩余物、竹、芦苇、农业秸秆等原生植物纤维和废纸为原料，是我国国民经济中具有可持续发展特点的重要产业。

近年来，国际形势复杂多变，新一轮国际产业链变革正在进行，全球范围内产业结构和国际分工正在进行调整，全球造纸产业格局正在发生变化，技术进步迅速，循环、低碳、绿色经济已成为新的发展主题。造纸工业作为为制造业配套的基础原材料制造业，在新一轮的国际竞争中将面临严峻的挑战和战略发展机遇。

"十三五"时期是我国全面建成小康社会的关键期，是我国经济社会发展主要战略机遇期，也是资源环境约束的矛盾凸显期，我国造纸工业改革发展正处这个重要的历史节点上。为此，中国造纸协会发布关于造纸工业"十三五"发展的意见，以做到统筹行业全局发展，统筹行业区域发展，统筹行业与环境和谐发展，统筹国内发展和对外开发，为加快实现我国造纸工业的现代化和可持续发展打下坚实基础，推进我国造纸工业从造纸大国向现代化强国迈进。

一、造纸工业现状和问题

我国造纸工业经过"十五""十一五""十二五"的产能高速发展，成功解决了供给短缺这一历史难题，实现了产需基本平衡，并进入世界造纸大国行列。这一阶段发展的主要特点是依靠大规模投资，引进国际先进的技术装备，迅速扩大产能。自2001年至2015年的15年间，造纸工业的新改扩建固定资产投资额高达1.9万亿元，年均增长近20％。在巨额资金的支持下，原生纸浆产量增加，高档纸张产品比重提高，纸及纸板产量和国内消费量已连续7年位于全球首位，产品质量达到或接近世界一流水平。我国造纸工业面对的是世界上最大、最有发展潜力的纸及纸板国内消费市场和世界主要的制造业所在地，纸及纸板消费量超过亚洲总消费量的1/2，约占全球总消费量的1/4。2015年全国纸及纸板的产量与表观消费量分别为10710万吨和10352万吨。

"十二五"期间，出现了纸及纸板生产量和消费量增速快速下降的现象，纸及纸板产量和表观消费量年均增长率为2.9％和2.4％，低于"十二五"规划4.6％的预期年均增长率。"十三五"期间，我国经济发展将处在重要战略转型期。根据《中华人民共和国国民经济和社会发展第十三个五年规划纲要》，国民经济将保持中高速增长，GDP 预期增速 6.5％，到 2020 年国内生产总值和城乡居民人均收入比 2010 年翻一番，城镇化目标达到 60％。市场容量仍有一定的发展和调整空间。

近十几年来，在数量主导、规模扩张的惯性思维作用下，造纸产能迅速积累并扩大，并且告别了短缺时代，以资源、能源、环境等要素为支撑的潜在经济增长空间大幅下降，产能扩张空间被不断压缩。行业目前还存在着产品结构不合理、部分产品出现结构性和阶段性过剩、原料对外依存度不断提高、技术创新能力不强、中小企业数量偏多，以及信息化水平、资源利用效率、环境治理能力较低等一系列问题。再加上受国内外经济大环境的影响，以及受我国制造业出口增速下降致使的商品包装材料需求增速下降、电子出版和无纸化办公对印刷纸张需求的冲击等影响，标示了中国造纸工业进入了调整转型期。

二、面临的新形势

1. 市场环境的变化

"十三五"期间，造纸行业将处于发展中的一个重要转折点，随着消费总量的增大和已达到满足内需、产需平衡的目标，国内市场需求增速将逐年降低。行业承受着需求增速下降和部分产品市场饱和的双重压力，面临着需求结构和营销模式的变化，以及进一步加剧的优胜劣汰的市场变化。

国际经济环境将更加复杂，发达国家和发展中国家的市场贸易保护将不断升级，国际、国内市场环境处于相对加快的变化过程中，全球经济一体化趋势及日益加剧的区域经济发展变革将影响我国造纸工业的发展和未来的市场。

2. 发展方式的转变

我国纸张消费已从过去紧缺型变成基本平衡型。造纸工业依靠规模扩张带来的增长已不可持续，正从过去的产能超常发展回归到理性平稳发展的轨道。主动和被动上都要求造纸行业必须适应现在的新形势、新常态，转变发展方式，调整优化结构，提高发展质量，向市场引导和产业高端化发展。

造纸行业需更加注重市场需求变化和运营效率，把握好投资规模、投资时机与消费增长的平衡关系，降低发展成本，防止盲目扩张和重复建设。需要通过调整发展战略，细化市场，拓宽领域，开发新产品，延伸产业链，重塑新的竞争优势，实现新的再平衡。

3. 绿色发展的需要

中国造纸工业 30 多年的高速发展伴随着资源和环境的巨大压力，"十三五"期间行业面临的全球资源、市场、资本激烈竞争，以及产品贸易的绿色壁垒将更加明显，国内凸现的能源、资源、环境瓶颈和消费结构的重大变化将敦促造纸工业走绿色发展道路。

造纸行业要充分发挥循环经济的特点和植物原料的绿色低碳属性，依靠技术进步，创新发展模式，在资源、环境、结构等关系到中国造纸工业健康发展的关键问题上取得突破，实施可持续发展战略，着力解决资源短缺和环境压力的制约，提高可持续发展能力。建立绿色纸业是行业发展的战略方向。

三、指导思想

深入贯彻"创新、协调、绿色、开放、共享"的发展理念，坚持以市场为导向，以结构调整为主线，以科技创新为动力，以建设资源节约型和环境友好型现代造纸工业为目标，提高供给质量，补足短板，加快产业结构调整，科学统筹，有序发展，满足我国社会经济发展对纸张和纸制品的需求，推进我国造纸工业由大国向强国转变。

四、基本原则

（一）坚持市场决定资源配置

遵循市场规律，通过市场杠杆调节国内纸及纸板的生产和投资，维持产需基本平衡，发挥需求驱动经济增长作用，通过市场竞争实现效益最大化和效率最优化。

（二）坚持创新驱动转型升级

实施创新发展战略，强化企业在技术创新中的主导地位，着力解决关系行业发展的关键共性技术，以创新促转型，加快造纸工业向高技术含量和高价值链条转变。

（三）坚持调整优化产业结构

提高产业集中度，推动区域布局及产品结构更趋合理，开发新产品、培育新的增长点，充分利用国内外资源，改善原料结构。

（四）坚持绿色低碳循环发展

推进资源高效和循环利用，加强清洁生产，加大生物质能源利用，注重节能减排，倡导绿色低碳消费。

五、发展目标

依据《中华人民共和国国民经济和社会发展第十三个五年规划纲要》，经中国造纸协会理事会研究，为引导行业健康、理性、平稳发展，提出力争达到如下行业发展目标：

通过调整使产业结构更趋合理，提高行业发展质量和经济效益；

在保障国内需求与供给基础上，防止产能盲目扩增；

通过节约资源、能源和减排工作使污染得到有效防治，降低水资源和能源等消耗；

增强创新能力，构建符合我国国情的现代造纸工业生产体系，推动造纸工业实现由大到强的战略转变，实现绿色纸业发展目标。

经过对国内外造纸行业发展进程和产业相关性分析，"十三五"末期产业规模总量、技术装备、节能减排总量等发展预期如下。

1. 规模总量

到 2020 年年末，全国纸及纸板消费总量预计达到 11100 万吨，年均增长 1.4%，年人均消费量预计达到 81 千克，比 2015 年增加 5 千克；纸及纸板新建、扩建和改造产能预计 1600 万吨，其中含淘汰现有落后产能约 800 万吨；纸及纸板总产能预计为 13600 万吨，总产量预计达到 11555 万吨，年均增长 1.5％。

2. 纸浆结构

预计到 2020 年，木浆、废纸浆、非木浆结构由 2015 年的 27.9％、65.1％、7.0％调整为 28.6％、65.0％、6.4％；国产木浆比例由 2015 年的 9.8％增至 10.5％，同时继续推进全国"林纸一体化"专项规划的实施；废纸浆比例维持在 65％，废纸浆消费量增加 670 万吨，废纸利用量增加 750 万吨；非木浆产量维持在 600 万吨左右。

3. 产品结构

增强新产品开发能力和品牌创建能力，重点调整提升和优化未涂布印刷用纸、生活用纸、包装用纸及纸板、特种纸及纸板的产品质量和品种结构，以适应多元化消费市场需求，形成高、精、特、差异化的纸及纸板产品结构。

4. 企业结构

加快推进造纸企业兼并重组，改变数量多、规模小的局面。大宗品种以规模化先进产能替代落后产能，中小企业特色化、专业化，以提高产业集中度，形成大型企业突出、中小企业比例合理的产业组织结构。预计到 2020 年年产 100 万吨以上大型综合性制浆造纸企业集团达到 20 家。

5. 技术装备

加强自主创新能力建设，着力开发自主技术与产品，提升设计集成能力和生产工艺技术装备总体水平，其中重点骨干造纸企业制浆造纸技术与装备接近国际先进水平。

6. 资源消耗和污染物减排

依据《纲要》的要求，造纸行业积极配合完成我国"十三五"期间全社会万元 GDP 用水量下降 23％，单位 GDP 能源消耗降低 15％，主要污染物 COD、氨氮排放总量减少 10％，二氧化硫、氮氧化物排放总量减少 15％的社会发展目标。

六、重点任务

（一）调整产业区域结构，推进产业协调发展

调整造纸产业区域结构应遵循资源可持续利用、保护生态环境、突出比较优势、有所为有所不为的原则，统筹考虑不同区域的资源环境承载能力、现有开发密度和发展潜力等，力求资源配置合理，与环境和区域经济协调发展。

长江中下游地区：该区域内局部地区企业过于密集、规模差距大，环境容量不足，要控制开发强度，加强产能置换，加强调整和整合，提升产品质量档次，促进产业优化升级。湖南省、湖北省、江西省、安徽省南部地区要利用适宜发展速生丰产林的条件，继续推进"林纸一体化"发展。长三角地区具有区位优势和较发达的造纸工业基础，要充分利用进口木浆和废纸，在原料和环境资源可保障的条件下整合脱墨浆、文化用纸、包装纸板企业及特种纸生产基地。

黄淮海地区：要加大区域内产业结构调整力度，控制总量、优化存量，加强节能节水，严格控制造纸工业的用水总量和主要污染物排放总量。调整原料结构和企业布局，增加木浆和废纸的利用，积极研发并应用秸秆制浆清洁生产技术，提升中高档产品比重。以现有优势产区为基础，以重点骨干企业为依托，整合区内资源，延伸产业链，带动区域造纸产业升级。

华南沿海地区：要实施调整与治污并重。采取推进造纸原料林基地建设和利用境外木片等措施，发展"林纸一体化"项目。珠江三角洲地区要控制开发强度，区域内局部地区企业布局过于密集且规模小，应加快现有企业整合，促进产业升级，以商品浆和废纸为原料，进一步完善包装纸板生产基地，调整产品结构，改变产品结构单一状况。广西地区要发挥"林纸一体化"优势，并充分利用当地丰富的蔗渣资源，积极发展蔗渣制浆造纸，提高蔗渣的高质化利用，减少蔗渣直接焚烧。

东北地区：要根据当地情况，在自然条件和水资源条件较好的区域适当发展制浆造纸。加强资源整合和技术改造，探索利用国外原料资源和国内林业采伐加工剩余物及秸秆资源化综合利用，同时配套建设以现有中幼龄林改培为主的速生丰产原料林和芦苇基地。

西南地区：要以木竹资源开发为重点，加大林区道路等基础设施建设，合理规划布局。可适当发展一定规模的木浆和竹浆，并充分利用区域内废纸资源，变资源优势为经济优势。

西北地区：该区域地处江河源头，大部分地区生态环境脆弱，区内纤维、水资源短缺，不宜大力发展造纸工业。通过骨干企业的兼并重组，升级改造，完善污染物处理设施，做到节能减排、清洁生产，以自身可回收和综合利用的资源维持适度产能。

（二）优化企业规模结构，推进企业兼并重组

整合浆纸企业资源。按照优势互补、自愿结合的原则，引导大型制浆造纸企业通过兼并重组与合资合作等形式发展，形成具有国际竞争力的综合性制浆造纸企业集团。引导中小造纸企业向专、精、特、新方向发展，实施横向联合，提高专业化水平和抗风险能力。依法淘汰落后产能，关停不能达标排放的小企业。

提高产业集中度。调整企业规模结构，改变企业数量多、规模小、布局分散的局面，大宗品种以规模化先进产能替代落后产能。"十三五"期间制浆造纸项目的建设要贯彻适度经济规模的要求，发挥规模效益。除薄页纸（$\leqslant 40g/m^2$）、特种纸及纸板等特殊品种外，对新建和技术改造项目要突出起始规模。

新建和技术改造项目起始规模

新建起始规模	技术改造起始规模
（一）纸浆	
1. 化学木浆 单条生产线 30 万吨/年及以上	单条生产线 10 万吨/年及以上
2. 化学机械木浆 单条生产线 10 万吨/年及以上	单条生产线 5 万吨/年及以上

新建起始规模	技术改造起始规模
（一）纸浆	
3. 化学竹浆 单条生产线 10 万吨/年及以上	单条生产线 5 万吨/年及以上
4. 非木材制浆（秸秆、芦苇、蔗渣等） 单条生产线 10 万吨/年及以上	单条生产线 3.4 万吨/年及以上
5. 废纸浆 单条生产线 10 万吨/年及以上（薄页纸用浆 5 万吨/年及以上）	单条生产线 5 万吨/年及以上
（二）纸及纸板	
1. 新闻纸 限制新建	单条生产线 10 万吨/年及以上
2. 书写印刷用纸 单条生产线 10 万吨/年及以上铜版纸限制新建	单条生产线 5 万吨/年及以上
3. 箱纸板 单条生产线 30 万吨/年及以上	单条生产线 10 万吨/年及以上
4. 白纸板 限制新建	单条生产线 10 万吨/年及以上
5. 瓦楞原纸 单条生产线 10 万吨/年及以上	单条生产线 5 万吨/年及以上
6. 薄页纸、特种纸及纸板 起始规模不做规定	起始规模不做规定

（三）改善纤维原料结构，增加国内有效供给

提高木纤维比重。木材原料供应要充分利用国内、国外两种资源，支持企业提升原料自给能力。国内主要采取挖掘资源潜力的措施，整合林地资源，结合《国家储备林建设规划（2016—2020 年）》大力发展造纸原料林基地，栽培优良树种，提高林地单产，提高基地供材能力。扩大利用林业间伐材、小径材、加工剩余物。在利用国外资源方面，鼓励进口原木、木片、木浆，鼓励国内企业到境外进行森林资源建设，或投资建设大型造纸原料林基地。鼓励境内企业使用进口木片原料，在国内适宜地区建设大型商品纸浆及造纸项目，或改造提升现有木浆生产线规模。

加大废纸利用。废纸回收和利用体现了造纸行业循环经济和低碳的特点，充分利用废纸资源是调整造纸原料结构的重要措施。目前国内废纸回收率因经济结构原因已接近可回收极限，可回收量短期内难以明显增加，需要稳定和拓宽国外废纸回收渠道，同时加大国内废纸回收系统建设，规范和统一回收及贸易行为，提高国内废纸有效供给水平和利用率。

科学合理利用非木纤维。非木材资源是我国造纸工业多元化原料结构的重要组成部分，对于缓解我国造纸工业对进口原料的依赖具有重要意义。继续坚持因地制宜、合理利用的原则，科学、合理利用非木资源，提高非木纤维应用水平。充分利用竹子、芦苇、蔗渣、秸秆等非木资源，力争使非木浆得到稳定合理发展。鼓励以农业废弃秸秆为原料，采用清洁生产工艺技术生产非木纸浆，推动秸秆资源化综合利用。

（四）加大清洁生产力度，推动循环经济发展

充分发挥纸业的绿色属性优势。鼓励企业按照全生命周期管理理念，提高资源的高效和循环利用，推动造纸行业循环经济发展。开发绿色产品，创建绿色工厂，引导绿色消费。转变发展方式，按照减量化、再利用、资源化的原则，提高水资源、能源、土地及植物原料等使用效率，通过节约资源、减少能源消耗和污染物排放，建设资源节约型、环境友好型造纸产业。

提高资源综合利用水平。充分利用好黑液、废渣、污泥、生物质气体等典型生物质能源，提高热电联产水平，对生产环节产生的余压、余热等能源，以及废气（沼气及其他废气）、废液（纸浆黑液及其他废水）及其他废弃物进行回收利用，最大限度实现资源化。充分利用林业速生材，扩大利用间伐材、小径材、加工剩余物等生产纸浆，提高木材综合利用率，节约木材资源。提升非木材制浆清洁生产工艺技术、高值化利用技术及废液综合利用技术。

（五）提高环境管理水平，降低污染排放水平

从源头上防止环境污染和生态破坏。造纸企业应依法依规申请排污许可证，持证排污。落实造纸企业治污主体责任，按照相关标准规范开展自行监测、台账记录；按时提交执行报告并及时公开信息；加强对锅炉、碱回收炉、石灰窑炉、焚烧炉等废气排放和生产废水、生活污水、初期雨水等废水排放治理及控制，确保污染防治设施稳定运行，污染物达标排放。强化固体废物的处置，加强无组织逸散污染物的收集和处理。

（六）实施"三品"战略，调整改善产品结构

优化品种结构。重点提升和优化印刷书写纸、生活用纸、包装用纸及纸板、特种纸及纸板、纸制品的品种结构，以适应多元化消费市场需求。加强研发适应信息化、物联网条件下的新型纸制品，满足互联网时代对各种产品的需求。

提升产品品质。提高纸产品的设计水平和品质，持续推进行业产品质量提升，满足人民日益提高的质量需求。

加强品牌培育。加大品牌建设力度，重点培育纸包装、本册、生活用纸、复印纸等直接面对消费者的产品品牌，宣传品牌的质量和绿色理念，拉近与国际品牌的差距。

（七）推进技术装备发展，增强核心竞争能力

加强造纸装备制造企业自主创新能力建设。针对我国工艺技术研发与装备制造行业脱节的问题，鼓励改革创新我国装备制造业技术研发体制。着力开发具有自主知识产权的技术和产品，提升设计集成能力和工艺技术装备总体水平。重点骨干造纸装备制造企业的技术水平和装备制造能力力争接近国际先进水平。

加大新一代制浆技术装备的开发力度。推广应用先进、成熟、适用的制浆造纸和环保新技术、新工艺、新设备。以先进工艺为龙头开发新型高效、节能减排效果显著的装备，提升造纸装备自主化水平。目前我国造纸行业发展水平极不平衡，技术装备水平处于中、低档的企业占有相当比例，在大宗品种以规模化先进产能替代落后产能

的同时，加快企业，特别是中小企业技术改造和装备的升级换代是造纸行业发展的重点工作。

（八）推动产业两化融合，提升智能制造水平

加快两化融合管理体系标准普及推广。推动造纸工业企业以两化融合管理体系贯标为牵引，实现管理模式创新和管理现代化水平提升，培育和提升精益管理、大规模个性化定制、供应链协同、市场快速响应、精准营销等核心竞争能力。

加快智能化、信息化和机器人技术应用。加快装备自动化、数控化、智能化进程，推动专用机器人等智能制造装备和智能化生产线的设计、制造和应用。提高智能装备及产品在行业发展中的作用，尤其是在现有 DCS、QCS、ERP、OA 等应用系统基础上整合，推进 MES 生产过程控制应用，不断缩小与世界先进水平的差距，争取在智能控制技术等方面有新的突破。加大高效、节能、低耗、运行智能化监控、在线智能化维修保养等技术的推广应用。

推进互联网应用。在纸制品行业大力推进互联网＋订货、设计、生产、销售和物流，创新纸包装、本册、复印纸、生活用纸等终端产品的生产设计和营销模式，为社会提供更多更灵活的产品选择和更方便快捷的服务。

（九）拓展企业发展空间，降低企业经营风险

充分利用国内外市场和资源分散经营风险。面对企业全要素成本的增加，特别是能源、环保、人力资本的大幅上升，造纸行业要进一步提高产品附加值，引导制浆造纸和纸制品企业向上下游产品领域拓展，提升产业链价值，增强盈利水平。争取在国内建立商品纸浆期货市场和多个纸浆、纸张交易市场，以市场手段拓宽企业融资和规避风险的渠道，降低企业经营风险。打造造纸企业互联网"双创"平台，加快构建新型研发、生产、管理和服务模式，促进技术产品创新和经营管理优化，提升企业整体创新能力和水平。提高骨干企业的管理能力、资源运营能力、产品制造能力和营销服务能力，增强核心竞争力。

（十）加强废纸回收利用，宣传绿色低碳消费

造纸行业是绿色消费产品提供者，同时也应该是绿色消费的倡导者和引导者。要积极宣传造纸产业的绿色属性，宣传纸产品的低碳循环利用，提高全社会节约用纸意识，引导理性、绿色低碳消费。引导企业扩大废纸利用，使用废纸脱墨浆生产书写印刷用纸和厕用卫生纸，提高卫生纸、擦手纸、书写印刷用纸的废纸原料比例。推广白度适宜的书写印刷用纸、生活用纸等，开发无需漂白的本色浆产品。节约原生纤维资源和避免纸产品功能过剩。

附录三 "十二五"资源综合利用指导意见

开展资源综合利用是国民经济和社会发展中一项长远的战略方针，对于贯彻落实节约资源和保护环境基本国策，缓解工业化和城镇化进程中日趋强化的资源环境约束，提高资源利用效率，加快经济发展方式转变，增强可持续发展能力都具有重要意义。根据《国民经济和社会发展第十二个五年规划纲要》关于"提高资源综合利用水平"的总体要求，特提出"十二五"资源综合利用指导意见。

一、资源综合利用现状

"十一五"期间，资源综合利用推进力度不断增强，利用规模日益扩大，技术装备水平不断提升，政策措施逐步完善，实现了经济效益、社会效益和环境效益的有机统一，资源综合利用取得了积极进展。

（一）利用规模不断扩大。全国共伴生金属矿产约70%的品种得到了综合开发，矿产资源总回收率和共伴生矿产综合利用率分别提高到35%和40%，煤层伴生的油母页岩、高岭土等矿产进入大规模利用阶段。工业固体废物综合利用率达69%，超额完成规划目标9个百分点。累计利用粉煤灰超过10亿吨、煤矸石约11亿吨、冶炼渣约5亿吨，回收利用废钢铁、废有色金属、废纸、废塑料等再生资源9亿吨，农作物秸秆综合利用率超过70%，年利用量达5亿吨。

（二）利用水平明显提升。钒钛资源、镍矿伴生资源实现综合开发，稀土等元素得到高效利用，高铝粉煤灰提取氧化铝技术研发成功并逐步产业化，废旧家电的全密闭快速拆解和高效率物料分离等资源化利用技术装备实现国产化，废旧纺织品再生利用技术中试成功。年产5000万平方米全脱硫石膏大型纸面石膏板生产线投产，利用煤矸石、煤泥混烧发电的大型机组装备投入运行，全煤矸石烧结砖技术装备达到国际先进水平。

（三）法规政策日趋完善。《循环经济促进法》《废弃电器电子产品回收处理管理条例》《再生资源回收管理办法》等法律法规规章陆续颁布实施。国家发展改革委、国土资源部、财政部等部门发布了《中国资源综合利用技术政策大纲》《矿产资源节约与综合利用鼓励、限制和淘汰技术目录》《资源综合利用企业所得税优惠目录（2008年版）》《关于资源综合利用及其他产品增值税政策的通知》《新型墙体材料专项基金征收使用管理办法》等政策措施，初步形成了资源综合利用的法规政策体系。

（四）综合效益日益显现。资源综合利用已经成为煤炭、电力、钢铁、建材等资源型行业调整结构、改善环境、创造就业机会的重要途径。2010年，全国煤矸石、煤泥发电装机容量达2100万千瓦，相当于减少原煤开采4000多万吨，综合利用发电企业达400多家，带动就业人数近10万人；从钢渣中提取出约650万吨废钢铁，相当于减少铁矿石开采近2800万吨；通过综合利用各类固体废物累计减少堆存占地约16万亩；资源综合利用产业年产值超过1万亿元，就业人数超过2000万人。

虽然"十一五"期间资源综合利用取得了积极成效，但与加快转变经济发展方式，建设资源节约型、环境友好型社会的要求还有很大差距，存在的问题仍较为突出。一是发展不平衡，资源综合利用往往受到区域经济实力、资源禀赋差异等因素的制约；二是综合利用企业普遍小而散，缺乏具有市场竞争力的大型骨干企业；三是综合利用产品技术含量和应用水平不高，部分共性关键技术亟待突破；四是支撑体系急需完善，资源综合利用管理、培训、标准、信息、技术推广和服务等能力建设有待加强，回收体系亟待规范和完善；五是激励政策有待进一步加强和落实，现有资源综合利用鼓励和扶持政策有待完善。

二、面临的形势

我国自然资源禀赋较差，人均占有量少，45 种主要矿产资源中，有 19 种已出现不同程度的短缺，其中 11 种国民经济支柱性矿产缺口尤为突出；重要资源自给能力不足，石油、铁矿石、铜等对外依存度逐年提高；主要污染物排放量大大超过环境容量，一些地方生态环境承载能力已近极限。"十二五"时期是我国全面建设小康社会的关键时期，随着人口增加，工业化、城镇化进程加快，经济总量不断扩大，资源环境约束将更加突出，气候变化和能源资源安全等全球性问题加剧。

资源综合利用是解决可持续发展道路中合理利用资源和减轻环境污染两个核心问题的有效途径，既有利于缓解资源匮乏和短缺问题，又有利于减少废物排放。资源综合利用产业作为发展循环经济的重要载体和有效支撑，是战略性新兴产业的重要组成部分，具有广阔的发展前景，有利于加快构建资源节约、环境友好的生产方式和消费模式，增强可持续发展能力。

三、指导思想、基本原则和主要目标

（一）指导思想

以邓小平理论和"三个代表"重要思想为指导，深入贯彻落实科学发展观，坚持节约资源和保护环境基本国策，按照"十二五"规划《纲要》提高资源综合利用水平的总体要求，强化宏观指导，完善政策措施，加快技术创新和制度创新，加强能力建设，以大宗固体废物综合利用为核心，大力实施重点工程，发展资源综合利用产业，大幅度提高资源利用效率，加快资源节约型、环境友好型社会建设。

（二）基本原则

坚持宏观调控与市场机制相结合，发挥市场配置资源的基础性作用，完善政策体系，建立有利于促进资源综合利用的长效机制；坚持技术创新与高效利用相结合，强化科技创新能力建设，重点研发共性关键技术，推动资源综合利用规模化、清洁化、专业化发展；坚持因地制宜与重点推进相结合，根据资源禀赋和产业构成特点，培育综合利用示范基地和骨干企业，形成资源综合利用产业集群。

（三）主要目标

到 2015 年，矿产资源总回收率与共伴生矿产综合利用率提高到 40％和 45％；大宗固体废物综合利用率达到50％；工业固体废物综合利用率达到72％；主要再生资源回收利用率提高到70％，再生铜、铝、铅占当年总产量的比例分别达到40％、30％、40％；农作物秸秆综合利用率力争超过80％。资源综合利用政策措施进一步完善，技术装备水平显著提升，综合利用企业竞争力普遍提高，产品市场份额逐步扩大，产业发展长效机制基本形成。

四、重点领域

（一）矿产资源的综合开发利用

1. 能源矿产

（1）煤炭：推进煤层气、矿井瓦斯、煤系油母页岩以及伴生高岭土、残矿的开发利用。

（2）石油天然气：推进油田伴生气、酸性气体等回收利用；逐步推动油砂、油页岩利用产业化；推动高含硫化氢天然气中硫磺的综合利用；开展页岩气、致密砂岩气等综合开发利用。

2. 金属矿产

（3）黑色金属矿产：继续推进多金属钒钛磁铁矿、含稀土型铁矿的深度开发利用；加大中低品位铁矿、弱磁性铁矿、低品位锰矿、硼镁铁矿、锡铁矿等难选资源的综合利用技术研发力度。

（4）有色金属矿产：综合开发利用铝、铜、镍、铅、锌、锡、锑、钽、钛、钼等有色金属共伴生矿产资源，实现有用组分梯级回收。

（5）贵金属矿产：加强铂系金属矿、金矿和银矿等贵金属共伴生矿产资源的综合开发利用。

（6）稀有、稀土金属矿产：开展复杂难处理稀有金属共生矿在选矿和冶炼过程中的综合回收利用，加强稀土金属矿资源综合利用。

3. 非金属矿产

（7）化工非金属矿产：加强磷矿、硫铁矿和硼铁矿的综合利用。

（8）建材非金属矿产：发展石墨、高岭土、膨润土、滑石、硅灰石、石英、萤石、石灰石、花岗石、瓷土矿、珍珠岩等综合利用和深加工。

（二）产业"三废"综合利用

（9）尾矿：大力推进尾矿伴生有用组分高效分离提取和高附加值利用、低成本生产建材以及胶凝回填利用，开展尾矿在农业领域的利用和生态环境治理。

（10）煤矸石：继续扩大煤矸石发电及生产建材、复垦绿化、井下充填等利用规模；鼓励利用煤矸石提取有用矿物元素制造化工产品和有机矿物肥料等新型利用。

（11）工业副产石膏：继续推广工业副产石膏替代天然石膏的资源化利用，重点发展脱硫石膏、磷石膏生产建材制品和化工原料以及在水泥行业的应用，加快化学法处理磷石膏制备相关产品的研究和应用。

（12）粉煤灰：加强大掺量和高附加值产品技术研发和推广应用，继续推进粉煤灰用于建材生产、建筑和道路工程建设、农业应用、有用组分提取等。

（13）赤泥：加快共性关键技术研发，实现赤泥科学、高效利用，重点发展赤泥提取有用组分、生产建材产品、用作脱硫剂等。

（14）冶炼渣：进一步推广高炉渣和钢渣在生产建材、回收有用组分等综合利用，鼓励有色金属冶炼渣资源化利用以及重金属冶炼渣的无害化处理。

（15）化工废渣：鼓励电石渣生产水泥，氨碱废渣用于锅炉烟气湿法脱硫，硫铁矿制酸废渣用于钢铁、水泥生产，合成氨造气炉渣热能的回收利用；鼓励化工废渣与下游建材产业结合，提高综合利用水平。

（16）建筑和道路废物：推广建筑和道路废物生产建材制品、筑路材料和回填利用，建立完善建筑和道路废物回收利用体系。

（17）生活垃圾：推进垃圾分类，重点开展废弃包装物、餐厨垃圾、园林垃圾、粪便无害化处理和资源化利用，鼓励生活垃圾焚烧发电和填埋气体提纯制燃气或发电等多途径利用，鼓励利用水泥窑协同处置城市生活垃圾。

（18）污水处理厂污泥：推进污泥无害化、资源化处理处置，鼓励采用污泥好氧堆肥、厌氧消化等技术，推动污泥处理处置技术装备产业化，鼓励利用水泥窑协同处置污泥。

（19）农林废物：建设秸秆收储运体系，推广秸秆肥料化、饲料化、基料化、原料化、燃料化利用；鼓励林业"三剩物"、次小薪材、制糖蔗渣及其他林业废弃物的资源化利用；推进畜禽养殖废弃物的综合利用。

（20）海洋与水产品加工废物：开展甲壳质、甲壳素等海洋与水产品加工废物的综合利用。

（21）废水（液）：进一步提高工业废水循环利用和城镇污水再生利用水平；继续推进矿井水资源化利用；鼓励重点行业开展废旧机油、采油废水、废植物油、废酸、废碱、废液等回收和资源化利用。

（22）废气：基本实现焦炉、高炉、转炉煤气资源化利用；鼓励电力、石油、化工等行业对废气中有用组分进行回收和综合利用；以工业窑炉余热余压发电和低温废水余热开发利用为重点，实现余热余压的梯级利用。

（三）再生资源回收利用

（23）废旧金属：推广采用机械化手段对废旧汽车、废旧船舶、废旧农业和工程机械的拆解、破碎和处理，提高回收利用水平；提高废旧动力电池和废铅酸电池拆解、破碎、分选以及废液的回收处理水平；推进汽车零部件、工程机械机床等再制造。

（24）废旧电器电子产品：继续推进废旧电器电子产品回收、分拣、拆解、高值利用及无害化处理，推动整机拆解和电路板资源化技术的产业化。

（25）废纸：完善废纸回收、分拣、脱墨、加工回收利用体系，鼓励大型废纸制浆技术及成套设备研发。

（26）废塑料：重点开发废塑料回收、分拣、清洗和分离等预处理技术和设备，鼓励废旧塑料瓶、废旧地膜高值利用，推广废塑料再生造粒和改性以及生产木塑制品。

（27）废旧轮胎：规范废旧轮胎回收利用，加快推进废旧轮胎综合利用技术研发和产业升级，提高旧轮胎翻新率，鼓励胶粉生产改性沥青等直接应用，推广环保型再生胶等清洁生产工艺，提升无害化利用水平。

（28）废旧木材：开展废旧木材及木制品回收再利用，加大共性关键技术装备的研发力度。

（29）废旧纺织品：建立废旧纺织品回收体系，开展废旧纺织品综合利用共性关键技术研发，拓展再生纺织品市场，初步形成回收、分类、加工、利用的产业链。

（30）废玻璃：鼓励建立废玻璃回收体系，推广废玻璃作为原料生产平板玻璃等直接应用及生产建筑保温材料等间接利用。

（31）废陶瓷：加强废陶瓷综合利用技术研发和推广应用，鼓励废陶瓷用于生产陶瓷建材产品以及建筑工程等。

五、政策措施

（一）强化宏观引导和政策扶持

各地区、各部门、各行业要根据实际情况，认真落实本指导意见，组织编制地区和行业资源综合利用专项规划。国家发展改革委将继续会同有关部门发挥并完善资源综合利用工作机制作用，分工负责，形成合力，引导资金、政策、人才、技术等资源向综合利用薄弱地区倾斜，推动资源综合利用工作全面、协调发展。

建立和完善鼓励资源综合利用的投资、价格、财税、信贷、政府采购等激励措施，强化资源综合利用认定管理，落实资源综合利用优惠政策，进一步调动企业综合利用资源的积极性，各级政府要优先采购符合相关要求的综合利用产品，为企业融资拓宽途径，有条件的地区设立资源综合利用专项资金。推进资源税改革，加大自然资源的开发成本，研究对产生量大、难处理的固体废物开征环境税，推动建立资源综合利用的倒逼机制。

（二）加强资源综合利用制度建设

以《循环经济促进法》为核心，逐步建立完善资源综合利用法律法规体系，修订和发布粉煤灰、煤矸石等重点产业废物综合利用管理办法，制定和完善再生资源回收管理的相关规定；推行生产者责任延伸制，落实《废弃电器电子产品回收处理管理条例》，适时调整《废弃电器电子产品处理目录》范围。

推行资源综合利用认定企业管理信息化，逐步建立起资源综合利用数据收集、整理和统计体系，构建废物排放、贮存及综合利用数据统计平台，为宏观调控和制定政策提供科学决策依据。

加快推进标准化进程，逐步建立完善矿产资源、产业废物和再生资源综合利用标准体系，重点加强技术标准和管理标准的制修订工作，建立涵盖产生、堆存、检测、原料、生产、使用、产品及应用等多领域的各类标准体系，强化标准宣贯、执行和监督。

（三）实施资源综合利用重点工程

实施资源综合利用"双百"工程，建设共伴生矿产及尾矿、煤矸石、粉煤灰、工业副产石膏、冶炼渣、建筑垃圾、农作物秸秆、废旧轮胎、包装废弃物、废旧纺织品综合利用等重点工程，增强技术支撑能力，加快构建服务体系，建设示范项目，鼓励产业集聚，培育百个示范基地和百家骨干企业。继续推进共伴生矿产及尾矿资源综合利用示范基地建设；加快培育一批产业废物高附加值综合利用示范基地；开展废旧纺织品、废旧轮胎、包装废弃物等再生资源综合利用试点示范，建设一批废旧商品回收体系示范城市。在煤炭、电力、石油石化、钢铁、有色、化工、建材、轻工等行业中选取利用量大、产值高、技术装备先进、引领示范作用突出的资源综合利用骨干企业，予以重点扶持和培育。

（四）加快技术装备创新和成果转化

加快资源综合利用前沿技术的研发与集成，推动科技成果转化为现实生产力，提高资源综合利用技术装备标准化、系列化、成套化和国产化水平。适时修订完善《中国资源综合利用技术政策大纲》，发布和实施《废物资源化科技工程"十二五"专项规划》，引导关键、共性重点综合利用技术的开发，推进高新技术产业示范，推广应用成熟、先进适用的技术与工艺，淘汰落后的生产工艺和装备。加强资源综合利用领域的国际合作，引进国外先进技术，并组织消化吸收和再创新。

（五）营造全社会参与的良好氛围

资源综合利用是一项涉及多个领域、多个行业、多个环节的综合性系统工程。"十二五"期间，要大力倡导文明、节约、绿色、低碳理念，充分发挥各相关行业协会、中介机构作用，通过各种渠道开展政策宣贯、人才培训和技术推广，提高资源节约和环境保护意识，鼓励使用资源综合利用产品，减少一次性用品生产和消费，限制商品过度包装，推广可持续的生产方式和绿色生活模式，营造全社会共同参与的良好氛围。

索　引

（按汉语拼音排序）